World SuperCar Collection

"폭풍 질주에 카리스마를 더하다!!"

World SuperCar Collection

월드
슈퍼카
컬렉션

| 자동차칼럼리스트 **김필수** 감수 | **GB기획센터** 편저 |

GoldenBell

"당신을 흥분시키는 월드 슈퍼카!!"

누구나 꿈꾸지만 아무에게나 허락되지 않는 자동차가 있다. 일반적인 스포츠카를 월등히 뛰어넘는 성능, 하지만 서킷용 레이싱 카보다는 일반 대중 친화적인 차량, 그것이 이 책에서 소개할 슈퍼카의 정의 중 하나이다.

공기역학적인 유려한 보디라인은 기능성과 아름다움을 모두 충족시키며, 강렬한 엔진음은 스피드 매니아의 가슴을 요동치게 한다. 최적의 위치에 탑재된 엔진은 최신 공학기술의 집약체로서 100km까지 수 초 만에 가속되는 성능을 보여준다. 또한 개성적이고 진보적인 각 파트의 디자인은 아름다움과 카리스마를 내뿜는다. 가히 스피디한 예술품이라 할 수 있겠다.

자동차는 다양한 카테고리를 가지고 있지만, 슈퍼카처럼 열정적인 매니아 층을 형성하고 있는 경우는 드물다. 무엇이 그들을 그토록 열광하게 만들었을까?

이 책은 한바탕 그 궁금증을 풀어 놓았다.

페라리, 람보르기니, 포르쉐, 로터스처럼 역사가 깊은 대중적인 업체에서부터 코닉세그, 테슬라 같은 신생업체에 이르기까지 다양한 메이커의 대표적 슈퍼카 모델을 소개하겠다.
어떠한 엔진을 탑재했으며, 어떠한 디자인 특성을 가지고 있는지, 내외장재는 무엇이며 개발부터 세일링까지 흥미롭고 숨은 이야기를 담아냈다. 슈퍼카로부터 열광하는 당신의 손에 슈퍼카의 개념이 집약된 한 권의 백과사전이다.
아무튼, 이렇게 한눈에 볼 수 있는 건 사이버 공간에도 없으니까……!

GB기획센터

CONTENS

SUPERCAR

슈퍼카?

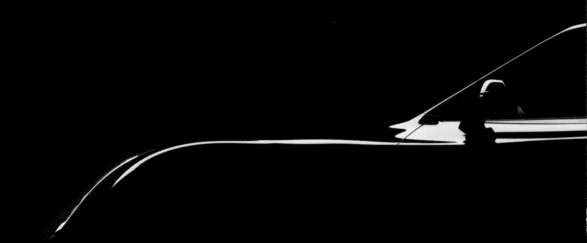

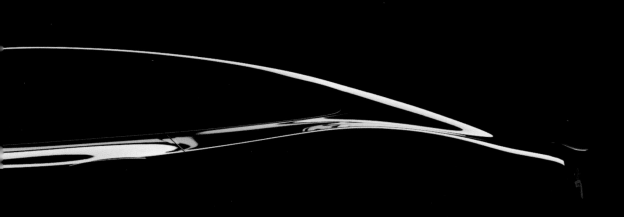

슈퍼카란 어떤 자동차를 말하는 걸까?

「슈퍼카」라는 말을 굳이 해석하자면 「엄청난 성능의 자동차」또는 「자동차 이상의 자동차」라는 의미가 된다. 자동차 중에는 보통의 자동차와 비교해 날아가듯이 빠르고, 힘이 넘쳐나는 등 특별한 성능을 가진 자동차의 종류가 있다. 이런 종류를 크게 스포츠카라고 할 수 있고, 이 스포츠카 중에서도 좀 더 두드러진 출력과 디자인, 역사를 가진 자동차를 「슈퍼카」라고 부른다. 물론 스포츠카와 슈퍼카의 구분에 객관적인 기준이 있는 것은 아니므로 슈퍼카를 스포츠카와 동일시하는 시각도 있다.

슈퍼카의 기원을 쫓아가 보면 대부분 레이싱카를 일반도로에서 달릴 수 있게 개조(Tuning) 했거나 보통의 자동차를 개조해 빨리 달릴 수 있게 한 것이 많다. 최고속도가 빠르다, 가속이 빠르다, 코너링이 빠르다는 등, 이 「빠르기」의 종류에 차이는 있지만 어떻든지 간에 「빨리 달릴 수 있는 성능」이 슈퍼카의 기본 성능이라는 점만은 틀림없다.

이 빠르기 외에 대부분의 슈퍼카는 아름다운 디자인을 하고 있거나 눈길을 끄는 기구를 장착하고 있는 등 뭔가 돋보이고자 하는 포인트가 많다는 점도 특징이다. 예를 들면 문의 개폐 방법에 있어서 일반 자동차는 사용하지 않는 위쪽을 향해 열리는 버터플라이 도어(Butterfly Door)나 시저스 도어(Scissors Door) 등을 사용하기도 한다.

슈퍼카는 어떤 시대에도 최첨단 자동차라서 도로를 달리면 모든 사람을 돌아보게 하고 자동차 애호가라면 한 번은 타보고 싶은 존재이다.

슈퍼카는 어떤 자동차일까?

슈퍼카가 슈퍼카이기 위해서는 몇 가지 조건을 갖춰야 한다. 먼저 「빠르기」, 즉 속도이다. 이 속도를 위해서는 힘이 넘치는 엔진과 그 출력을 견딜 수 있는 차체가 필요하다. 그 다음으로는 「디자인」이다.

그냥 빠르기만 하며 외적 감흥을 주지 않는 자동차는 슈퍼카라 부를 수 없다. 물론 예외도 있을 수 있겠지만, 「빠르고 멋진 모습」을 갖춰야 하는 것이 슈퍼카의 기본인 점만은 틀림없다. 그리고 이 외에 앞서 언급했듯이 도어나 후드의 개폐 방법 등에 특징이 있다거나 특별한 기능을 갖춰야만 슈퍼카라는 존재가 완성되는 것이다.

엔진(Power Unit)

엔진의 배기량이 크고 출력이 높아야 하는 것은 기본이다. V형 다기통 엔진을 사용하는 차량이 많으며, 터보차저 등과 같은 과급기를 장착한 것도 있다.

페라리 812 슈퍼 패스트에 장착되는 V형 12기통 엔진. 배기량 6,496cc에 최고 출력 800마력으로 슈퍼카 엔진의 정석 같은 엔진이다. 최근에는 배기량을 낮추는 대신에 터보차저 등으로 출력을 높이는 엔진도 늘어나고 있다.

카본 모노코크의 실내 공간의 기본 골격을 중심으로 한 레이싱 카와 같은 섀시이다. 이런 타입의 섀시가 슈퍼카의 주류로 등장하고 있다.

섀시

슈퍼카의 섀시는 대부분 알루미늄이나 카본을 소재로 사용한다. 최근에는 카본 모노코크 바디가 늘어나고 있는 추세이다.

디자인

슈퍼카는 외관 역시 중요한 요소이다. 공통적인 외관이라고 한다면 「빠르게 보이는 것」으로 스피드를 추구하는 동시에 아름다움도 추구한다.

페라리 812 슈퍼

스포츠카의 기본형이라 할 수 있는 롱 노즈 · 숏 데크(Long Nose · Short Deck, 앞부분이 길고 뒤쪽 데크 = 트렁크 부분이 짧음)으로 불리는 쿠페 스타일이다.

부가티 시론 스포츠

과거에 명차로 평가받던 디자인 요소를 각 부분에 적용하면서도 현대적 슈퍼카다운 웨지 셰이프(Wedge Shape, 쐐기형태)를 하고 있다.

아폴로 IE

마치 애니메이션에서 튀어나온 듯한 디자인의 뿌리는 레이싱카를 기본으로 하고 있다.

도어

슈퍼카 중에는 흔하지 않은 방식으로 도어가 열리는 차종도 있다. 이런 도어가 열리고 닫히며, 강렬한 인상을 남겨서 슈퍼카를 떠올리는 한 가지 요소를 이룬다.

시저스 도어

가위처럼 도어가 앞쪽을 향해 거의 수직으로 열리는 타입이다.

걸 윙 도어

나비의 날개같이 도어가 앞쪽을 향해 비스듬한 상태로 열리는 타입이다.

슈퍼카의 운전석

슈퍼카의 운전석을 살펴보자. 아래 사진은 페라리 812 슈퍼 패스트의 운전석이다. 알파벳 D를 닮은 핸들과, 핸들에서 손을 떼지 않고 기어를 바꿀 수 있는 패들 시프트가 있다. 일반적인 자동차와 크게 다르지는 않지만, 스위치 종류의 배치 등은 빨리 달리는 것을 제일 우선시 하는 방향으로 설계되어 있다.

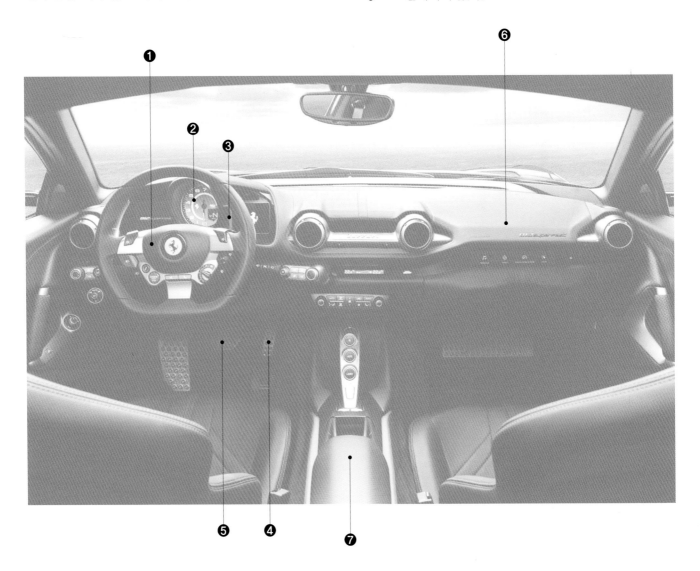

❶ 핸들(Handle)
가고 싶은 방향을 향해 차체의 방향을 바꿀 때 핸들을 돌린다. 슈퍼카의 핸들은 「D형」타입이 많으며, 운전 중에 조작할 수 있도록 버튼이 장착되어 있기도 하다.

❷ 미터(Meter)
속도를 나타내는 스피드 미터와 엔진의 회전수를 나타내는 타코미터 외에도 엔진 오일이나 냉각수 온도, 기어 위치 등이 표시되어 있다.

❸ 패들 시프트(Paddle Shift)
기어 단수를 바꾸는 장치로써 핸들에서 손을 떼지 않고도 조작할 수 있다.

❹ 액셀러레이터 페달(Accelerator Pedal)
액셀러레이터 페달을 밟으면 엔진으로 연료가 들어가고, 엔진 회전수가 올라간다.

❺ 브레이크 페달(Brake Pedal)
브레이크 페달을 밟으면 브레이크 캘리퍼 안의 피스톤이 튀어나와 브레이크 패드를 브레이크 디스크에 밀어 붙이면서 제동력이 발생한다.

❻ 대시보드(Dashboard)
운전석 앞쪽의 유리창 아래쪽에 위치하는 내장재로서, 미터나 에어컨 통풍구 등이 장착되어 있다.

❼ 센터 콘솔(Center Console)
운전석과 동승석 사이에 위치하는 내장재로서, 변속 선택 스위치 등이 장착되어 있다.

STRUCTURE OF SUPERCAR

슈퍼카의 구조

슈퍼카라는 자동차를 파악하기 위해 기본적인 구조나 작동 원리를 살펴보겠다.
슈퍼카가 빨리 달리기 위해서 어떤 구조를 하고 있는지,
어떤 성능의 동력 장치를 장착하고 있는지 등등, 슈퍼카의 비밀을 알 수 있다.

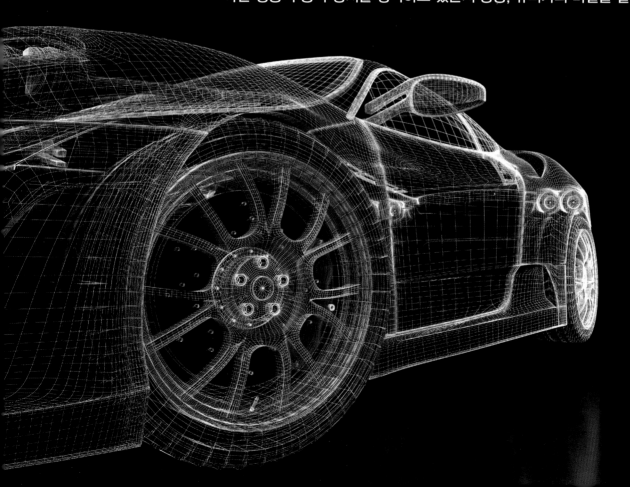

동력 발생 장치

자동차를 움직이게 하는 힘의 원천, 즉 동력원은 어떤 장치일까? 지금은 전기의 힘을 이용해 모터를 움직이는 자동차도 많이 나오고 있지만 슈퍼카의 주력 장치는 아직 엔진이라 불리는 내연기관*[1]이다. 기관(機關) 안에서 연료를 태우는 구조를 하고 있어서 내연기관이라고 부른다. 즉 연소 에너지를 효율적으로 이용해 달리는 것이다. 오늘날 엔진은 자동차의 동력 발생 장치 중에서 가장 뛰어난 동력원이라 할 수 있다.

본격적으로 살펴보도록 하자. 자동차가 주로 가솔린을 연료로 삼아 움직인다는 사실은 잘 알고 있을 것이다. 인화성이 강한 가솔린에 불을 붙여 폭발시킴으로써 팽창 에너지를 발생시킨다. 여기서 더 강력한 에너지를 얻기 위해 엔진을 진화시키면서 고출력을 얻게 되었다.

가솔린과 공기를 섞은 안개 상태의 혼합기*[2] 기체를 압축해서 불을 붙이면 엄청난 폭발 에너지가 발생하는데, 그것을 작은 공간(실린더) 안에서 일어나게 하면 그 에너지가 실린더*[3] 안에서 상하(왕복) 운동하는 피스톤을 밀어 내리게 된다. 그 대부분은 자연 흡기 엔진*[4]이라고 하는 일반적인 형태이다. 피스톤은 커넥팅 로드를 매개로 해서 크랭크 샤프트와 연결되어 있는데, 이 부품들에 의해 피스톤의 왕복운동이 크랭크 샤프트의 회전운동으로 바뀐다. 자전거 페달을 밟는 무릎의 상하운동이 크랭크 샤프트를 통해 회전운동으로 바뀌면서 바퀴를 돌리는 것과 동일한 원리이다.

슈퍼카는 뛰어난 성능이 요구되기 때문에 대부분 실린더 체적이 크고 수량이 많지만 차량에 장착하기에는 작고, 가볍고, 무게 중심이 낮은(低重心)*[5] 쪽이 유리한 측면도 있어서 제조사의 의도에 따라 각각의 의도를 반영한 개성적인 형태를 띠는 경우가 많다. 또한 전기 모터와 조합한 하이브리드 방식이나 내연기관이 없는 EV(전기자동차)도 오래전에 등장했다.

엔진 ENGINE

내연기관인 엔진은 현대의 기준으로 가장 일반적인 동력 장치라 할 수 있다.
내부에서 압축한 혼합기를 폭발시키고 그 폭발력을 힘으로 바꾸는 기본 방식은 모두 똑같지만
엔진에는 다양한 형식이 있고 저마다 특성도 다르다.

● 엔진의 기본 구조

- **흡입** : 피스톤이 내려가면서 흡기 밸브를 통해 혼합기를 실린더 안으로 빨아들이는 과정.
- **압축** : 흡기 밸브가 닫혀 밀폐된 실린더 안을 피스톤이 상승함으로써 혼합기를 압축하는 과정.
- **연소** : 플러그에서 나온 불꽃을 통해 압축된 혼합기에 불이 붙음으로써 혼합기가 연소(폭발)한 압력으로 피스톤을 밀어내려 크랭크 샤프트를 회전시키는 과정.
- **배기** : 크랭크 샤프트의 회전력에 의해 상승한 피스톤이 실린더 안에 남아있던 배기가스(혼합기가 타면 발생)를 배기 밸브를 통해 배출하는 과정.

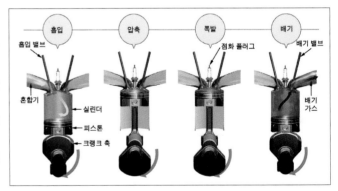

용어
해설

*[1] **내연기관** : 가솔린 등의 연료를 내부에서 연소시켜 발생한 폭발 압력으로 동력을 만드는 기관, 즉 엔진을 말한다.
*[2] **혼합기** : 가솔린과 공기를 섞어서 타기 쉽게 안개 상태로 만든 기체.
*[3] **실린더** : 엔진의 기통.
*[4] **리시프로 엔진** : 연료의 연소에 의해 발생한 열에너지를 피스톤의 왕복운동으로 바꾼 다음 크랭크 샤프트의 회전운동으로 출력하는 엔진.
*[5] **무게 중심이 낮은(低重心)** : 자동차 질량의 중심이 되는 위치가 낮은 것을 저중심이라고 하며, 중심이 낮으면 차의 안전성이 높아진다.
*[6] **흡기** : 혼합기를 엔진(실린더) 안으로 빨아들이는 것. 피스톤이 내려갈 때 생기는 부압(흡입력) 때문에 혼합기가 빨려 들어간다.
*[7] **배기** : 연소가 끝난 혼합기는 배

❶ **캠 샤프트** : 밸브를 움직여 흡기*6와 배기*7의 타이밍을 결정한다.

❷ **밸브** : 흡기와 배기가 있으며, 캠 샤프트가 눌러야 열린다. 흡기와 배기가 교대로 진행된다.

❸ **밸브 스프링** : 밸브가 닫히도록 힘을 가하는 스프링이다.

❹ **피스톤** : 상승할 때 실린더 안에 있는 혼합기를 압축하고, 압축된 혼합기의 폭발 압력에 의해 하강하는 힘이 크랭크 샤프트를 회전시킨다.

❺ **커넥팅 로드** : 피스톤과 크랭크 샤프트를 연결하는 부품으로 왕복운동을 회전운동으로 바꾼다.

❻ **실린더** : 원통의 공간을 갖추고 있는 부품으로 내부에서 피스톤이 위아래로 왕복 운동을 한다.

❼ **크랭크 샤프트** : 엔진의 중심이라고 할 수 있는 부품으로 피스톤과 커넥팅 로드를 통해 전달된 폭발력을 회전운동으로 바꾸어 구동력으로 출력한다.

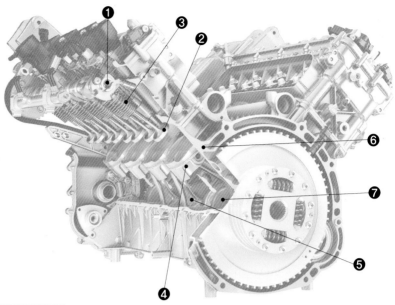

포르쉐 918 스파이더

❽ **터보차저** : 과급기*8라고 하며 엔진의 보조 장치이다. 배기가스의 힘으로 터빈*9을 회전시킴으로써 흡기를 압축된 상태로 실린더 안으로 보낸다.

❾ **매니폴드** : 밸브 위치까지 흡기를 유도하며, 내부는 터널 형상의 통로로 되어있는 부품이다.

❿ **인젝터** : 가솔린을 분사하는 부품이다. 매니폴드에 유도된 공기에 연료를 분사하여 섞은 혼합기를 흡기 밸브를 통해 빨아들이는 것이 예전 방식이다. 최근에는 공기만 흡기 밸브에서 빨아들인 다음 압축된 공기에 직접 연료를 분사하는 「직접분사 방식」의 엔진이 증가하고 있다.

메르세데스 AMG GT

기가스가 된다. 이 배기가스를 엔진 안에서 배출하는 것을 배기라고 하며, 상승하는 피스톤의 압력을 통해 배출된다.

*8 **과급기** : 혼합기가 되는 공기를 압축해서 보냄으로써 한 번에 더 많은 혼합기를 연소시켜 출력을 높이는 데 사용하는 장치. 터보차저와 슈퍼차저가 있다. 배기압력으로 터빈을 돌려 공기를 압축하는 것이 터보차저, 크랭크 샤프트를 통해 직접 구동력을 얻어 공기를 압축하는 것이 슈퍼차저이다.

*9 **터빈** : 날개 부위에 부딪힌 유체(액체나 기체)의 힘으로 회전하는 날개를 가리킨다. 여기서 말하는 터빈은 터보차저의 부품으로, 배기와 흡기 양쪽에 샤프트로 연결된 한 쌍이 장착되어 있으며, 배기가스에 의해 터빈이 회전하면 흡기 터빈(펌프)의 날개가 공기를 엔진 쪽으로 보내게 되어 있다.

V형

실린더를 좌우의 V자 형태로 배치한 엔진으로 엔진의 길이를 줄일 수 있다. 많은 슈퍼카가 이 형식을 적용하고 있다.

V형 12기통

페라리 812 슈퍼 패스트가 탑재하고 있는 V형 12기통 엔진은 배기량 * 1 6,496cc에 8,500rpm * 2에서 최고출력 800마력 * 3을 발휘하는 고속 회전형 * 4자연흡기 * 5엔진이다.

페라리 812 슈퍼 패스트

V형 10기통

아우디 R8은 자연흡기 V형 10기통 엔진을 탑재하고 있다. 5,204cc의 배기량을 가진 이 엔진은 610마력의 최고 출력을 8,250rpm에서, 560Nm * 6의 최대 토크 * 7를 6,500rpm에서 발휘하는 고속 회전형 엔진이다.

아우디 R8

V형 8기통

페라리 488GTB가 장착한 V형 8기통 엔진은 트윈 터보 * 8로 과급한다. 배기량은 3,902cc로 약간 작은 편이지만 터보를 통해 640마력의 최고 출력을 8,000rpm에서 발휘한다. 또한 760Nm이나 되는 강력한 최대 토크를 3,000rpm이라는 낮은 회전수에서 발휘하기 때문에 저속회전 영역에서부터 탄탄한 주행이 가능하다.

페라리 488GTB

용어
해설

*1 배기량 : 실린더 내부에서 위아래로 움직이는 피스톤의 행정 체적과 기통수(실린더 수)를 곱해 「cc」로 나타내는 수치. 기본적으로는 배기량이 큰 엔진이 높은 출력을 발휘한다.

*2 rpm : 엔진의 회전수를 표시하는 단위로서 「알피엠」이라고 읽으며, 1분당 몇 번 엔진(크랭크)이 회전했는지를 나타낸다.
*3 마력 : 엔진의 힘을 나타내는 단위

이다. 1마력=1PS는 75kg의 물체를 초당 1m 움직이는 힘을 말하며, W(와트)로 바꾸면 735.5W=0.7355kW가 된다.
*4 고속 회전형 엔진 : 고속회전까지 돌림으로써 높은 출력을 얻을 수 있는

엔진이다. 엔진 출력은 「토크×회전수」이기 때문에 토크가 똑같다면 고속 회전까지 돌아가는 엔진이 높은 마력을 얻을 수 있다.
*5 자연 흡기 : 과급기를 사용하지 않

16

V형 6기통

혼다 NSX가 탑재한 V형 6기통 엔진은 배기량 3,492cc의 트윈 터보 사양이다. 엔진에서만 최고 출력 507마력을 발휘하며, 나아가 모터의 어시스트*9까지 가미되는 하이브리드 동력 장치이다.

혼다 NSX

수평대향 형(型)

피스톤이 두 팔을 벌리고 펀치를 날리는 모습 같다고 해서 「복서(Boxer)」라고도 부른다. 실린더가 수평방향으로 향하고 있어서 무게 중심을 낮출 수 있다.

포르쉐 911

수평대향 6기통

포르쉐 911은 1964년의 초대 모델부터 50년 이상, 수평대향 6기통 엔진을 장착해오고 있다.

직렬형

가장 기본적인 엔진 형식으로서 실린더가 일렬로 배치된다. 기통수가 많아지면 엔진의 전체 길이가 길어지기 때문에 최대 6기통까지만 사용한다.

직렬 4기통

알파 로메오 4C에 장착된 직렬 4기통 엔진의 배기량은 1,742cc로 작은 편이지만, 터보를 장착하고 있어서 최고 출력 240마력을 발휘한다. 더불어 2,100rpm의 저속회전에서 350Nm이나 되는 큰 토크를 발휘한다.

알파 로메오 4C

고 엔진이 만드는 부압으로만 흡기를 하는 형식.

*6 Nm : 「뉴튼 미터」라고 읽는 토크의 크기를 나타내는 단위. 「어느 정점(定点)에서 1m 떨어진 점에 그 정점을 향해 직각방향으로 1뉴튼의 힘을 가했을 때 그 정점 주위의 힘의 모멘트(회전하는 힘)로 정의되어 있다.」

*7 토크 : 회전축을 돌리는 힘으로, 자전거로 비유하면 페달을 밟는 힘의 강도를 말한다. 자동차의 경우 이 값이 크면 가속력이 좋아진다.

*8 트윈 터보 : 터보를 2개 장착했을 때를 말한다. 주로 V형 엔진 등과 같이 실린더가 좌우로 나누어진 엔진 등에서 사용한다.

*9 모터 어시스트 : 가속 등의 상황에서 엔진 출력 외에 모터를 보조로 사용하는 하이브리드 자동차의 시스템.

하이브리드
HYBRID

엔진과 모터 *¹를 조합하여
자동차를 달리게 한다.
모터로만 주행할 때도 있다.

❶ **모터** : 앞바퀴를 구동한다.
❷ **엔진** : 뒷바퀴를 구동한다.

BMW i8

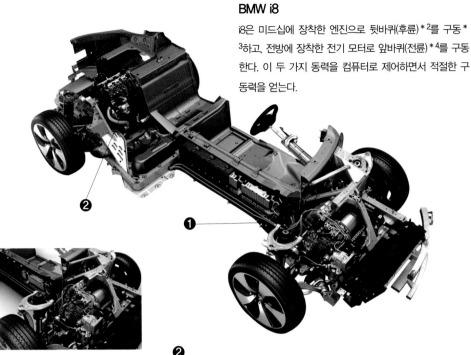

BMW i8

i8은 미드십에 장착한 엔진으로 뒷바퀴(후륜) *²를 구동 *³하고, 전방에 장착한 전기 모터로 앞바퀴(전륜) *⁴를 구동한다. 이 두 가지 동력을 컴퓨터로 제어하면서 적절한 구동력을 얻는다.

포르쉐 918 스파이더

918 스파이더는 엔진을 지원하는 모터와 별도로 앞바퀴를 구동하는 모터가 따로 있다. 앞바퀴만 모터로 구동하는 사륜 구동 하이브리드이다.

❶ **프런트 모터** : 앞바퀴를 구동한다. ❷ **엔진** : 뒷바퀴를 구동한다.
❸ **리어 모터** : 엔진과 함께 뒷바퀴를 구동한다.

메르세데스 AMG 프로젝트 원

프로젝트 원의 하이브리드 시스템은 F1 *⁵에서 유래한 1.6리터 V형 6기통 엔진에, 좌우 앞바퀴와 엔진 본체, 터보차저까지 모두 4개의 모터가 들어간다. 이 시스템이 발휘하는 최고출력은 1,000마력이 넘는다고 발표되었다.

메르세데스 AMG 프로젝트 원

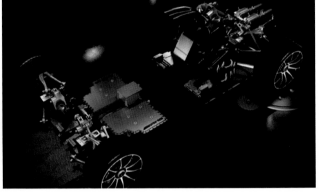

용어 해설

*1 **모터** : 모터는 전동기를 말하며, 전력을 역학적인 에너지로 바꾸는 기계이다. 엔진에 비해 구조가 단순하고 출력을 높이는 방법도 간단해서 슈퍼카의 동력원으로 사용하는 사례가 늘어나고 있다.

*2 **뒷바퀴** : 후륜. 슈퍼카의 경우 후륜을 구동 바퀴로 하는 경우가 대부분이다.

*3 **구동** : 엔진에서 나오는 동력을 받아 움직이는 것을 의미한다.

*4 **앞바퀴** : 전륜. 4륜구동이나 FF 자동차의 경우엔 구동 바퀴가 되기도 하지만, 첫 번째 기능은 조향(핸들을 돌려서 타이어, 즉 차의 방향을 바꾸는 것)이다.

*5 **F1** : 포뮬러 1의 약어로서 현재 벌어지고 있는 자동차 레이스 가운데서는 최고봉이라 할 수 있다.

*6 **배터리** : 전지. 일반 자동차에도

모터 MOTOR

모터로만 움직이는 전동 슈퍼카 중에는 고출력 모터를 탑재해 가솔린 엔진 자동차 이상의 성능을 발휘하는 차종도 있다.

리막(Rimac) C_Two

리막(Rimac) C_Two

리막의 전동 슈퍼카 「C_Two」는 앞뒤로 모터를 2개씩 탑재하여 합계 최고 출력 1,914마력을 자랑한다. 최고속도는 시속 412km/h로, 슈퍼카 가운데서도 빠른 편에 속한다. 배터리는 특수한 구조의 섀시에 탑재되며, 최대로 충전하면 약 650km의 주행이 가능하다.

❶ **프런트 모터** : 프런트 모터는 독립적으로 좌우 각각의 바퀴를 구동한다.

❷ **리어 모터** : 리어 모터는 기어 박스를 매개로 뒷바퀴를 구동한다.

❸ **배터리** : 배터리는 섀시＊6의 바닥＊7 부위에 설치된다.

❶　　　❷　　　❸

● 엔진을 구성하는 부품 수

엔진은 1만개 이상의 부품을 조합하여 만든다고 알려져 있다. 피스톤이나 크랭크 샤프트와 같이 큰 부품부터 작은 나사에 이르기까지 형태나 크기도 다양하다. 기통수가 증가하면 그만큼 부품 개수도 증가하기 때문에 슈퍼카의 엔진은 많은 부품들로 이루어져 있다.

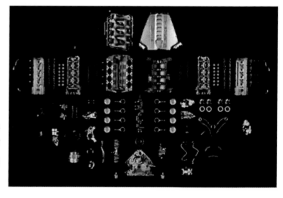

엔진의 부품

이 사진은 메르세데스 AMG SLS에 장착되는 V형 8기통 엔진의 주요 부품을 분해한 모습이다.

사용되지만 전기 자동차나 하이브리드 자동차의 경우에는 동력원이 되므로 대형 배터리를 사용한다.

＊7 섀시 : 다음 페이지에서 상세히 소개하겠지만 차의 기본골격을 이루

는 부분을 종합해서 섀시라고 부른다.

섀시

섀시에 대한 정의는 시대의 흐름과 함께 미묘한 변화가 있다. 옛날에는 차대(프레임*1)에 차체(보디)를 얹어 자동차를 만들었지만, 지금은 모노코크 방식이라고 해서 차대와 차체를 일체화한 구조로 제작하는 것이 일반적이라 섀시라는 말이 서스펜션 등의 하체 주변을 가리키는 경우도 많다.

차체는 엔진이나 구동 시스템을 장착하고 4개의 바퀴와 연결될 뿐만 아니라 사람이 탈 수 있는 공간을 확보하는 상자 같은 것을 말한다. 충돌했을 때의 안전성 확보나 각각의 자동차에 요구되는 기능성을 반영해 만드는 자동차의 기본 골격이라고 할 수 있다.

슈퍼카는 매우 비싸고, 대량 생산하는 다른 제품들과 달리 사치스러운 상품이기 때문에 섀시에 대해서도 비용을 아끼지 않고 최첨단 소재나 기술력을 투입해서 만들어 왔다. 화젯거리가 될 만큼 참신한 방법으로 개발할 때도 많

아서 일찍부터 알루미늄이나 카본*2 소재를 사용해 고강도·경량을 추구해 왔다. F1에서 쌓은 기술을 도입해 용접이나 접합방법 등에서 보통 자동차에서는 사용하지 않는 독자적인 공법을 사용해 만드는 경우도 드물지 않다. 근래에는 대부분의 슈퍼카가 카본 모노코크 구조*3를 한 섀시를 사용한다.

바닥*4 부분을 바탕으로 루프(지붕)*5와 틀을 형성하는 케이지(새장) 형태의 구조를 하는 것이 일반적으로 튼튼한 차체의 강성을 추구한다. 철저하게 자동차의 동력성능을 추구하여 선회하는 성능을 높이기 위해 무거운 엔진을 차체 중앙 근처에 장착하고 뒷바퀴를 구동하는 합리적인 구조의 미드십 구조가 많이 알려져 있다. 사람은 엔진 바로 앞의 낮고 좁은 운전석에 앉아서 핸들을 잡게 되므로 승하차의 불편함이나 좁은 실내를 감내해야겠지만 운전하는 재미 역시 즐길 수 있다.

카본 CARBON

현대의 슈퍼카 섀시는 카본을 주요 소재로 사용하는 경우가 많다.

알파 로메오 4C

알파 로메오 4C

4C의 섀시는 패신저 셀(Passenger Cell)*6이라고 하는 운전석 부분이 카본 모노코크 구조로 만들어져 있고, 앞뒤로 엔진이나 서스펜션을 장착하기 위한 금속 서브 프레임*7이 연결되어 있다.

용어 해설

*1 **프레임** : 보디와 완전히 독립된 차대를 가리키는 말로써 원래는 이 프레임에 서스펜션이나 바퀴를 장착한 것을 섀시라고 불렀다.

*2 **카본** : 탄소를 가리킨다. 자동차

소재에서 카본이라고 하면 카본 파이버(탄소섬유)를 사용해 강화한 탄소섬유 강화플라스틱(CFRP)을 말한다.

*3 **모노코크 구조** : 현대의 자동차 대부분이 채택하는 차체구조로서 프

레임과 보디를 일체화한 것이다. 가볍고 강도가 높지만 사고 등을 일으키면 그 영향이 차체의 전체에 미친다.

*4 **바닥** : 자동차의 바닥에 해당하는 부분.

*5 **루프** : 지붕을 말하며, 모노코크 구조의 경우는 강도(强度)를 유지하는 역할도 한다.

*6 **패신저 셀** : 자동차의 차체 가운데 탑승객(=패신저)이 탑승하는 부분으로

포르쉐 918 스파이더

918 스파이더의 섀시는 카본 패신저 셀과 카본을 사용한 리어 서브 프레임을 조합해 제작되었다.

맥라렌 650S

650S의 패신저 셀은 지붕 부분을 포함하지 않는 아래쪽으로만 구성되어 충분한 강도를 확보한다. 그 때문에 오픈 보디*8로 만들어질 때도 섀시에 특별한 보강이 필요 없어서 무게가 증가하는 일도 없다.

맥라렌 650S

맥라렌 720S

「모노케이지 II」라 불리는 720S의 카본 패신저 셀은 지붕 부분까지 일체화해서 만듦으로써 훨씬 뛰어난 강도를 확보하고 있다.

맥라렌 720S

차체의 중심이 되는 부분을 말한다.
*7 서브 프레임 : 엔진이나 서스펜션을 장착하는 부품으로 나중에 모노코크와 결합된다.
*8 오픈 보디 : 지붕이 없는 보디. 흔히 오픈카라고 하지만 미국에서는 컨버터블, 영국에서는 로드스터 또는 드롭 헤드 쿠페, 프랑스나 독일에서는 카브리올레, 이탈리아에서는 스파이더나 바르케타라고 부른다.

아폴로 IE

카본으로만 만들어진 이 섀시는 서스펜션의 장착방법 등을
포함해 완전히 레이싱카라고 해도 무방할 정도이다.

메르세데스 AMG 프로젝트 원

금속
METAL

예전부터 있던 금속 모노코크 섀시는
주로 알루미늄을 사용하여 최신 제조 기술이나
구조를 적용함으로써 진화된 섀시로 바뀌었다.

알피느(Alpine) A110

A110 차체는 경량 올 알루미
늄 제품의 모노코크 섀시를
적용하고 있다.

알피느 A110

아우디 R8

아우디 R8

R8의 섀시는 알루미늄과 카본을 조합
해 만들어진 아우디 스페이스 프레임
이 적용되었다. 알루미늄 모노코크 섀
시의 일부를 카본으로 바꾼 구조로서
무게가 가벼워졌다.

용어
해설

*1 제동력 : 움직이는 물체를 멈추게
하는 힘. 자동차의 경우는 브레이크가
발휘하는 힘을 가리킨다.
마찰재 : 강력한 마찰력을 가진 소재로
된 부품으로 디스크 브레이크에서는

브레이크 패드가 여기에 해당한다.
　*2 유압장치 : 오일을 매개로 압력을
전달하는 장치. 브레이크는 이 유압장
치를 사용한 유압식으로, 브레이크 페
달을 밟을 때 발생하는 압력이 배관을

통해 브레이크 캘리퍼로 전해지면서
피스톤을 밀어낸다.
　*3 배력장치 : 브레이크 부스터라고
도 하며 브레이크를 구성하는 부품이
다. 페달로부터 전달된 답력(踏力)을

증폭함으로써 더 적은 힘으로 브레이
크를 작동시킨다.
　*4 방열성 : 열을 방출하는 성능을 말
한다. 브레이크는 마찰로 제동력을 일
으키는 동시에 반드시 마찰열을 발생

BRAKE

브레이크

브레이크는 달리는 자동차를 감속 또는 정지시키기 위한 제동 장치이다. 바퀴의 회전을 억제하는 장치로서 현재는 거의 모든 자동차가 디스크 브레이크를 적용하고 있다.

브레이크의 기본은 마찰을 이용해 회전하는 바퀴에 저항을 줌으로써 멈추게 하는 구조이다. 바퀴와 함께 회전하는 디스크 로터와 브레이크 캘리퍼가 쌍을 이루면서 기능하는데, 캘리퍼 안에 있는 브레이크 패드를 디스크 로터에 강하게 밀어붙여서 (실제로는 양쪽에서 조이는 느낌) 발생하는 마찰력으로 제동을 건다.

슈퍼카는 상당히 고성능이므로 자동차 중에서도 최강의 제동력[1]을 갖추고 있어서 시속 300km를 넘는 속도에서도 불안함 없이 정지할 수 있다. 그러기 위해서는 브레이크 패드의 마찰재[2] 자체의 개량을 비롯해 캘리퍼나 디스크 로터 그리고 브레이크 패드를 누르기 위한 유압장치[3], 배력장치[4] 등 다양한 보조장치를 조합하여 종합적으로 요구되는 고성능을 발휘하는 것이다.

고성능을 안정적으로 발휘하려면 마찰재를 냉각할 필요도 있으므로 공력(냉각용)에 대한 배려도 빼놓을 수 없다. 디스크 로터를 향해 바람이 강하게 유도되도록 타이어 후방의 정류(整流)를 철저히 추구한다.

디스크 로터의 지름은 큰 것이 효력이 뛰어나다. 때문에 큰 로터를 사용하려면 필연적으로 사용하는 휠도 커지므로 20인치 크기도 평범한 크기이다. 이외에도 패드의 재질이나 형상, 패드를 누르는 방식(슈퍼카 대부분은 6피스톤 방식), 캘리퍼의 고성능화, 디스크로터 자체의 방열성[5]도 개선하고 있다. 또한 카본 소재의 도입 등, 지금도 브레이크는 진화 중이다.

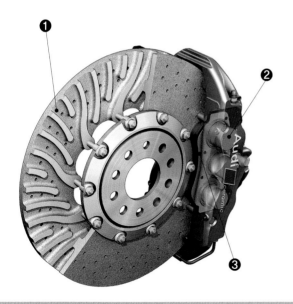

❶ **디스크 로터** : 타이어와 함께 회전하는 부품이며 마찰에 의해 발생하는 제동력으로 타이어 회전을 제어한다. 열을 방출하기 위해 내부에 핀이 들어간 벤틸레이티드 (Ventilated) 타입이 주류이다.

❷ **브레이크 캘리퍼** : 브레이크 페달을 밟으면 캘리퍼 내부의 피스톤이 나오면서 브레이크 패드를 로터에 밀어붙인다.

❸ **브레이크 패드** : 캘리퍼 내부에 장착되는 부품으로 로터에 직접 닿아 마찰력을 일으킨다.

시킨다. 마찰열에 의해 브레이크 주위의 부품 온도가 올라가면 브레이크 성능이 나빠지고 최악의 경우는 전혀 듣지 않을 수도 있다. 이것을 방지하기 위해 브레이크는 방열성이나 냉각성

을 고려해서 만든다.

*5 벤틸레이티드 타입 : 2개의 디스크 로터로 구성되며, 로터 사이에 핀을 넣어 방열성을 높인 브레이크 로터. 강력한 제동력이 요구되는 대부분

의 슈퍼카는 이 타입의 브레이크 로터를 사용한다.

서스펜션

서스펜션은 현가장치*¹라고 하며, 인간의 몸에 비유하면 허리부터 아래쪽 하반신의 작용에 해당한다. 직접 지면에 접촉하는 다리와 몸 사이를 가동 부분(구조)으로 구성된 뼈대로 연결하는 개념이다. 인간은 근육으로 뼈대를 움직여 지면까지의 거리를 조절하는 동시에 다리의 움직임을 억제하거나 충격을 완화하기도 한다.

자동차의 경우는 스프링과 댐퍼(쇽업소버/감쇠장치*²)가 근육의 역할을 맡는다. 스프링과 댐퍼가 1개 세트로 합쳐진 제품을 사용하는 경우가 많다. 또한 서스펜션의 형식은 더블 위시본식(타이어와 휠을 결합하는 너클이라고 하는 부품[예를 들어 타이어가 신발이라고 하면 휠은 다리이고 너클은 발목 정도의 위치에 있다]을 위아래 대칭의 암으로 지지하는 방식)이 주류이다.

암을 지지하는 부분의 축이 움직이는 구조로서 기본적으로는 지지점을 중심으로 한쪽 회전방향으로 포물선 운동을 한다. 지지받는 너클, 요컨대 타이어·휠은 어느 정도 스트로크(범위)에서 상하로 움직이지만 지지하는 서스펜션 암의 형태나 길이, 장치 위치나 각도 등에 의해 제어된다.

따라서 엄밀하게 말하면 타이어·휠은 위아래로 움직이기만 하는 것이 아니라 각각의 위치에서 차체에 대한 장착 각도가 바뀌게 되어 있는 것이다. 이로 인해 주행 중에 직진 안정성*³이나 뛰어난 선회력*⁴이 발휘된다.

차체를 4륜으로 탄탄히 지지하면서도 부드럽고 민첩하게 응답(리스폰스)*⁵해 노면의 갖가지 충격을 흡수하는 것도 서스펜션의 중요한 역할이다. 다양한 주행상황을 고려해 댐퍼나 스프링의 성능을 개선함으로써 충격 전달을 완화한다. 전자제어*⁶로 댐퍼의 작동을 세세하게 조절하는 등 새로운 기술도 도입되고 있다.

더블 위시본 DOUBLE WISHBONE

대부분의 슈퍼카는 더블 위시본 타입의 서스펜션을 사용한다.

알파 로메오 4C

4C는 전방에 더블 위시본, 후방에 스트럿 방식을 사용한다. 스트럿 방식은 위쪽에 어퍼 암이 없으며 충격 완화장치가 위쪽 암 역할도 같이 한다.

용어해설

*1 현가장치 : 서스펜션의 한자식 표현으로 차체와 바퀴를 이어주는 장치를 말한다. 스프링과 댐퍼 등으로 구성되어 있으며, 지면에서 전해오는 충격을 흡수하게 되어 있다.

*2 감쇠장치 : 쇽 업소버, 댐퍼의 한자식 표현. 원통 형상의 부품으로서 내부 피스톤의 움직임을 오일이나 가스 저항으로 억제해 탄력성을 제어한다. 이 저항을 감쇠력이라고 부른다.

*3 직진 안전성 : 자동차를 직진시킬 때의 유지력. 직진 안전성이 좋은 자동차는 노면이나 공기저항 등의 영향을 잘 받지 않고 안정적으로 똑바로 달릴 수 있어서 속도가 금방 올라간다.

*4 선회력 : 자동차의 선회 성능. 직진에서 커브로의 전환성, 진행하고 싶은 방향에 대한 정확성, 커브에서 직진으로의 전환성 등이 선회력 성능을

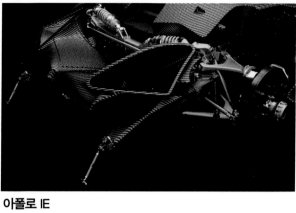

아폴로 IE

아폴로 IE는 F1 등의 레이싱카에서 사용하는 충격 완화장치를 수평으로 장착하고 푸시로드*7 방식을 사용한다. 이 푸시로드 방식은 스프링부터 아래쪽 중량을 가볍게 하는 서스펜션이다.

❶ **어퍼 암** : 너클을 지지하는 위쪽 암이다.

❷ **로어 암** : 너클을 지지하는 아래쪽 암이다.

❸ **너클** : 타이어와 허브를 매개로 하여 서로 결합되는 부분으로, 핸들을 돌리면 이 부품의 앞쪽이 돌아가게 되어 있다.

❹ **스프링** : 수축하거나 팽창하면서 충격을 흡수하기도 하고 타이어를 지면에 밀착시키기도 하는 부품이다.

❺ **쇽 업소버** : 「댐퍼」라고도 한다. 힘이 가해지면 수축·팽창하는 스프링을 억제하는 부품이다. 스프링과 댐퍼를 일체화한 것을 충격 완화장치라고 부른다.

나타내는 포인트이다.

*5 **응답성(리스폰스)** : 반응의 정도를 나타내는 용어. 여기서는 노면의 변화에 대해 서스펜션이 신속하게 응답해 작동한다는 의미로 사용된다.

*6 **전자제어** : 센서를 사용해 정보를 모은 다음 컴퓨터를 통해 계산함으로써 더욱 최적으로 제어하는 시스템이다.

*7 **푸시 로드** : 누르는 작동을 전달하는 막대 형상의 부품. 떨어진 위치에 있는 부품에 힘을 전달하기 위해 사용된다.

DRIVE SYSTEM

구동 시스템 · 트랜스미션

미드십 마운트 방식을 많이 사용하는 슈퍼카는 엔진에서 가장 가까운 뒷바퀴를 구동하는 것이 일반적이라고 설명한 바 있다. 다만 시대와 함께 엔진의 출력이 엄청난 수준까지 올라가면서 2륜만으로는 출력을 충분히 전달하지 못하게 되었다.

전자제어를 하지 않으면 타이어가 공전을 하게 될 만큼 오늘날의 엔진은 강력한 출력을 자랑한다. 후방에 있는 엔진의 무게를 이용해 뒷바퀴를 효과적으로 지면에 밀착시킴으로써 타이어의 그립력을 최대한으로 늘릴 수 있는 포르쉐조차도 고성능 자동차는 사륜구동을 사용하게 된 것이다.

슈퍼카의 동력 전달 장치(드라이브 트레인)는 뒷바퀴를 구동하는 이륜구동이 기본이지만 지금은 사(全)륜구동*1도 많아졌다. 미드십인 아우디 R8도 아우디가 자랑하는 풀타임 사륜구동 시스템 「콰트로」를 적용하였다. 사륜으로 대지를 박차고 나가는 가속력은 결코 쉽게 볼 일이 아니다. 엔진에서 나오는 회전 동력은 분할 타입 프로펠러 샤프트를 거쳐 전방으로 전달된다. 앞뒤 구동력 배분은 자

동으로 제어되기 때문에 갖고 있는 출력을 낭비 없이 활용할 수 있고 항상 최고의 성능을 발휘하는 구조이다.

트랜스미션(변속*2기어)은 매뉴얼(수동변속=MT) 방식에서 탈피해 현재는 2페달 방식의 오토매틱(자동변속=AT) 제어와 다단화*3가 주류이다. 예전에 매뉴얼 타입의 자동차는 나름대로 운전 실력이 뛰어난 사람들이 주로 즐겼다. 때문에 이런 자동차를 운전하는 것에 프라이드를 느끼는 사람이 많았고 그래서 5단이나 6단 MT가 주류였다. 그러나 기술의 진화로 인해 MT보다도 빨리 달릴 수 있는 AT차가 등장하면서 시대는 확 바뀌었다. 이런 변화 속에서 큰 영향을 끼친 것이 듀얼(트윈) 클러치*4 방식의 변속기이다. 복잡한 유압회로*5로 이루어진 종래의 토크 컨버터 방식 AT와 달리 메커니즘 상의 기본은 MT와 똑같지만 저항은 적고, 홀수 기어와 짝수 기어와 연결되는 각 축마다 클러치를 갖고 있어서 변속할 때 순차적으로 증·감속하는 방식이다. MT의 수동조작보다 나은 성능을 자랑하는 즉, 고성능을 발휘할 수 있는 트랜스미션으로서 현재의 주류를 차지하게 된다.

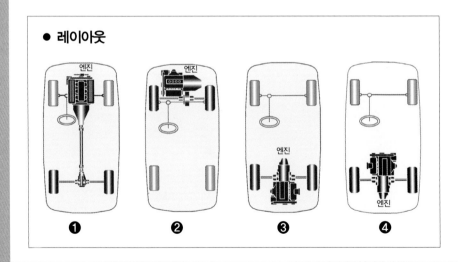

● 레이아웃

❶   ❷   ❸   ❹

❶ **FR** : 앞쪽(Front)에 엔진을 장착하고 뒤쪽(Rear) 타이어를 구동하는, 기본적인 구동 방식이다.

❷ **FF** : 앞쪽에 엔진을 장착하고 앞쪽 타이어를 구동하는 소형차 등에 많이 사용되는 방식이다. 슈퍼카에서는 기본적으로 사용하지 않는다.

❸ **MR** : 엔진을 차축보다 안쪽에 장착하고(Midship) 뒷바퀴를 구동한다. 운동성능이 뛰어나기 때문에 슈퍼카에 가장 적합하다.

❹ **RR** : 차체 뒤쪽에 엔진을 장착하고 뒷바퀴를 구동한다.

용어
해설

*1 사륜구동 : 네 바퀴 전체를 구동하는 방식으로 4WD라고도 부른다. 엔진 탑재 위치와 관계없이 모든 엔진 레이아웃과 조합해서 사용할 수 있다. 주행 안정성이 향상되고 엔진의 출력을

효율적으로 사용할 수 있어서 슈퍼카에서도 적용하는 차종이 늘어나고 있다.

*2 변속 : 원래는 「속도를 바꾼다」는 의미이지만 트랜스미션(=변속기)을 조

작해 기어 단수를 바꾸는 것을 의미한다. 낮은 기어에서는 토크가 크고, 높은 기어에서는 스피드를 낼 수 있다.

*3 다단화 : 변속기의 기어 단수를 늘리는 것. 예전엔 매뉴얼 5단, 오토매

틱은 4단이 일반적이었다. 그러다가 얼마 전까지 매뉴얼 6~7단, 오토매틱 5~7단 정도가 표준으로 바뀌었으며, 현재는 8단이나 9단인 차종도 많다. 변속기의 다단화는 주로 연비향상을

미드십 MIDSHIP

무거운 엔진을 차체 중앙 부근에 배치해 선회성능을 향상한다.

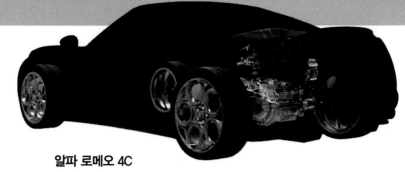

알파 로메오 4C
미드십에 엔진을 가로로 배치하고 뒷바퀴만 구동한다. 람보르기니 우르칸 등은 엔진을 세로로 배치해 사륜을 구동하는 미드십 4WD방식이다.

리어 엔진 REAR ENGINE

뒷바퀴에 걸리는 하중이 커서 가속성능이 뛰어나다. 또한 실내를 넓게 사용할 수 있다는 것도 장점이다.

포르쉐 911
911은 탄생 이후 계속 리어 엔진, 리어 구동 방식을 고수하고 있다. 1989년에 등장한 964형부터는 사륜구동 모델도 라인업에 추가되었다.

프런트 엔진 FRONT ENGINE

앞바퀴가 조향, 뒷바퀴가 구동하는 방식으로 각각의 바퀴가 역할을 분담하기 때문에 균형이 좋다는 특징이 있다.

메르세데스 AMG SLS
메르세데스는 대부분의 차를 FR로 만드는데, SLS는 그 축적된 기술을 쏟아 부은 고성능 FR 슈퍼카이다.

위해 진행되었다.
*4 클러치 : 매뉴얼 변속기, 또는 듀얼 클러치 방식의 변속기에 사용되는 기구이다. 클러치 디스크라고 하는 마찰재를 사용해 서로 회전하는 축들을

끊었다 붙였다 할 수 있다.
*5 유압회로 : 어떤 장치에 필요한 오일이 지나가게 하기 위한 배관.

트랜스액슬
TRANSAXLE

대부분의 FR 슈퍼카는 변속기와
디퍼렌셜 기어를 일체화한
트랜스액슬을 사용한다.

메르세데스 AMG GT

프로펠러 샤프트 *1

엔진과 프로펠러 샤프트는 직결되어 있으며, 프로펠러 샤프트가 차체의 후방에 있는 트랜스액슬로 동력을 전달한다.

트랜스액슬

무게가 나가는 변속기를 디퍼렌셜 기어와 일체화하여 후방에 배치함으로써 전후 무게의 배분 *2을 균등하게 하는데 기여한다.

트랜스액슬

트랜스액슬은 후방 차축 *3 중앙에 배치된다. 차축 위치에 디퍼렌셜 기어가 배치되고 그 뒤쪽으로 변속기가 배치된다.

트랜스미션

한자로는 변속기라고 하며, 엔진의 회전수를 기어 조합으로 가·감속함으로써 주행상태에 맞는 출력을 얻기 위한 장치이다.

디퍼렌셜 기어

커브를 돌 때 생기는 안쪽과 바깥쪽 바퀴의 이동거리 차이를 디퍼렌셜 기어를 통해 회전 차이를 만들어 줌으로써 원활하게 돌아가게 한다.

용어
해설

*1 프로펠러 샤프트 : 드라이브 라인이라고도 불리며, 엔진의 동력을 트랜스액슬로 전달하기 위한 회전축이다.
*2 무게 배분 : 앞뒤 바퀴에 대한 자동차 전체 무게의 비율을 말한다. 앞

뒤 무게 배분은 50:50이 이상적이라고 하며 엔진 레이아웃 등도 이 이상(理想) 값에 가까워지도록 선택하는 요소 가운데 하나이다. 가장 무게가 많이 나가는 엔진을 차체 중앙부근에 배

치하는 미드십이 50:50의 무게 배분에 있어서는 가장 적합한 것으로 알려져 있다.
*3 차축 : 양쪽 바퀴를 연결하는 축(軸)이다. 트랜스액슬에서 오는 동력을

좌우 바퀴로 전달한다.
*4 클러치 페달 : 수동변속기 자동차의 가장 왼쪽에 있는 페달로서, 이 페달을 밟으면 클러치가 끊어지고, 떼면 클러치가 이어진다.

매뉴얼 MANUAL

운전자가 스스로 변속을 조작하는 타입의 미션이다. 변속할 때는 클러치 페달*4을 밟으면서 변속 레버를 조작한다.

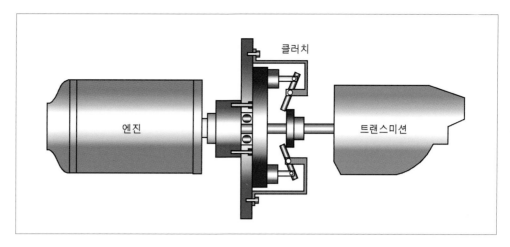

클러치

엔진

트랜스미션

매뉴얼

엔진과 트랜스미션 사이에 클러치라고 하는 부품이 배치되어 있다. 이 클러치를 끊은 상태에서는 엔진의 동력이 트랜스미션으로 전달되지 않기 때문에 그 사이에 기어 변속을 조작하게 된다.

오토매틱 AUTOMATIC

운전자가 변속을 조작하지 않아도 자동으로 변속해 주는 트랜스미션이다. 또한 운전자가 변속을 조작하는 타입도 있다.

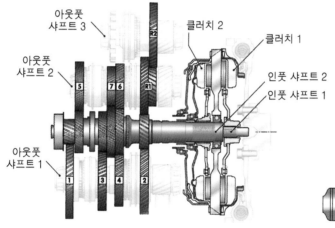

아웃풋 샤프트 3

클러치 2

클러치 1

아웃풋 샤프트 2

인풋 샤프트 2

인풋 샤프트 1

아웃풋 샤프트 1

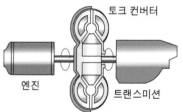

토크 컨버터

엔진

트랜스미션

듀얼 클러치 방식

기어가 홀수 단에 있을 때는 클러치1이 연결되어 동력을 전달하고, 짝수 단일 때는 클러치2가 연결되어 동력을 전달한다. 엔진과 연결되는 클러치가 교대로 바뀌기 때문에 그 전환 타이밍에서 변속이 이루어진다.

토크 컨버터 방식*5

엔진과 트랜스미션 사이에 클러치 대신 동력을 전달하기 위한 토크 컨버터를 사용하는 방식이다. 내부의 오일을 매개로 엔진의 동력을 트랜스미션 쪽으로 전달한다.

---

*5 토크 컨버터 : 자동변속기에 사용되는 장치로서 유체의 역학적 작용을 이용해 동력을 전달한다. 토크 컨버터 내부는 전용의 오일로 채워져 있으며, 엔진 쪽에 장착되어 회전하는 날개의 펌프 임펠러는, 엔진의 회전력을 트랜스미션 쪽에 장착되어 회전하는 날개의 터빈 러너에 전달한다. 이 장치에서는 오일이 클러치의 역할을 한다. 또한 최근에는 록업(Lockup ; 잠금) 기구라고 하는 토크 컨버터를 기계적으로 고정함으로써, 오일을 매개로 하지 않고 출력 쪽과 입력 쪽을 고정하는 기구가 들어간 장치를 많이 사용하기도 한다. 이 록업 기구가 내장된 장치는 엔진의 출력을 직접 구동 시스템으로 전달한다.

AERO

공력

어떤 물건이든 움직이게 되면(달리면) 거기에는 공기가 흘러 바람의 영향을 받는다. 자동차가 달리면 반드시 바람(공기)의 영향을 받게 되는데 속도가 빠르면 빠를수록 그 영향을 크게 받는다.

종이 카드를 깨끗한 유리 테이블 위에 눕혀 놓았다고 생각해 보자. 입으로 바람을 불어도 쉽게 날아가지 않는다. 하지만 옆으로 세워놓고 바람을 불면 쉽게 날아간다. 또한 카드가 조금이라도 구부러져 있거나 틈새가 있으면 그곳으로 바람이 들어가 쉽게 뒤집힌다.

평소에는 별로 신경 쓸 일이 없겠지만, 공기는 여러 의미에서 무게를 동반하는 큰 영향을 끼친다. 하물며 초고성능의 슈퍼카는 달리는 속도가 빠른 만큼 받게 되는 영향도 상당하다. 공기의 힘(무게)이 악영향을 끼치지 않도록 또는 반대로 현명하게 이용할 수 있도록 공력(空力)이라고 하는 공기역학(에어로다이내믹스)*1을 신경쓰는 것은 자동차를 디자인하는데 있어서 매우 중요하다.

공력을 어떻게 추구하느냐에 따라 자동차 주행의 부드러움과 안정성을 좌우하는 것이 직결되어 있다. 그리고 무엇보다 공력특성이 뛰어난 기능적 디자인은 날렵한 외관을 자랑하기 때문에 보기에도 날렵하게 보인다.

앞서 언급한 종이 카드 예를 더 들어 보겠다. 누워 있으면 바람이 부딪치는 면적이 작아서 입김을 불어도 별로 영향이 없지만 틈새를 통해 바람이 들어가면 뒤집히게 된다. 자동차도 마찬가지여서 우선은 바람이 직접 닿는 면적(전면 투영면적*2)을 줄이기 위해 차고*3를 낮게 설계한다. 차체 밑으로 공기가 잘 들어가지 않도록, 들어가더라도 전체적으로 공기가 잘 빠지도록 해 차체가 뜨는 일이 없게 설계한다.

윙으로 대표되는 스포일러 같은 날개 형상의 부품은 공기의 힘으로 차체를 지면에 밀착시키는 역할을 한다. 그밖에도 타이어 등의 부품이 기류를 어지럽히지 않고 거기에 엔진이나 브레이크의 냉각효과까지 얻기 위해서 풍동 실험*4을 반복해가며 가장 효율적인 형태를 끌어내려고 한다.

보디 BODY

보디와 부딪치는 바람을 어떻게 원활하게 흐르게 해 공기저항*5을 줄이느냐는 디자인의 중요 포인트이다.

풍동 실험

차체 위쪽 면을 흐르는 공기의 흐름은 실제로 바람을 불게 해서 그 흐르는 형태를 관찰하는 실험을 통해 확인한다. 이 실험이 풍동 실험이다.

용어 해설

*1 공기 역학 : 공기 등과 같은 기체의 흐름이나 공기 안에 있는 물체가 받는 작용에 관해 연구하는 학문.

*2 전면 투영면적 : 물체를 정면에서 볼 때 그 형태를 평면으로 가정했을 경우의 전면(前面) 면적. 이 면적이 작을수록 공기저항이 적기 때문에 최대한 작게 하는 것이 속도를 낼 수 있다.

*3 차고 : 자동차의 높이, 전체 높이를 말한다. 차고를 낮추면 전면 투영 면적을 작게 할 수 있으므로 슈퍼카는 차고를 낮게 디자인한다. 차고가 낮으면 실내 넓이나 승하차의 편리함 등에 영향을 준다.

*4 풍동 실험 : 대형 팬을 사용해 인공적으로 바람을 만들어내는 풍동(風洞) 시설에서, 실제로 자동차와 부딪치는 바람이 어떻게 흐르는지를 확인하는 실험이다. 차체의 공력특성을 파악하기 위해 사용한다.

섀시
CHASSIS

섀시 바닥 면을 흐르는 공기의 속도를 위쪽을 흐르는 공기의 속도보다 빠르게 하면 바닥 면 압력이 내려가 다운포스[6]가 발생한다.

포르쉐 918 스파이더

주행풍(공기)이 차체 바닥 면을 원활하게 흐르도록 가능한 평평한 디자인으로 만든다. 또한 주행풍을 브레이크 주변으로 유도함으로써 냉각이 되도록 디자인했다.

공력부품
AERO PARTS

디퓨저, 윙 같은 공력부품은 외관 스타일 요소로만 관심 받기 쉽지만 주요 목적은 공기의 힘을 이용해 주행성능 향상에 큰 영향을 끼치는 것이다. 주행상황에 맞춰 위치가 바뀌는 종류도 있다.

프런트 스포일러

차체 아래쪽으로 흐르는 주행풍의 양을 억제해 프런트가 뜨는 것을 방지하기 위한 부품이다. 차체 전방에서 다운포스가 발생한다.

디퓨저

차체 후방에 장착되는 디퓨저(Diffuser)는 차체 바닥 면을 흐르는 공기 속도를 올리기 위한 부품으로 다운포스를 강화할 수 있다.

윙

주행풍을 받아 차체를 지면으로 밀착시키는 다운포스를 만들어낸다. 후방에 대형 윙을 장착하는 것은 뒤쪽 타이어를 지면에 강하게 접지시키기 위해서이다.

---

[5] 공기저항 : 공기 속에서 나아갈 때 공기로부터 받는 저항력을 말한다. 속도가 높을수록 공기저항은 커지기 때문에 공기저항이 적은 자동차 디자인은 속도를 낼 수 있다.

[6] 다운포스 : 차체를 지면에 밀착시키는 힘을 말한다. 차체나 윙에 바람이 부딪칠 때 이 바람의 저항을 아래 방향의 힘으로 바꿈으로써 타이어가 지면에 밀착되는 힘(그립)을 늘린

다. 이렇게 하면 커브를 돌 때의 속도는 올라가지만 직선로 등에서는 다운포스가 클수록 저항으로 작용해 속도가 빨라지지 않는다. 그래서 전자제어를 통해 직선과 커브에서 윙이나 스포

일러 각도를 바꿈으로써 다운포스를 조정하는, 액티브 에어로 시스템이 개발되었다.

전 세계 슈퍼카 컬렉션

THE WORLD
COLLECTION

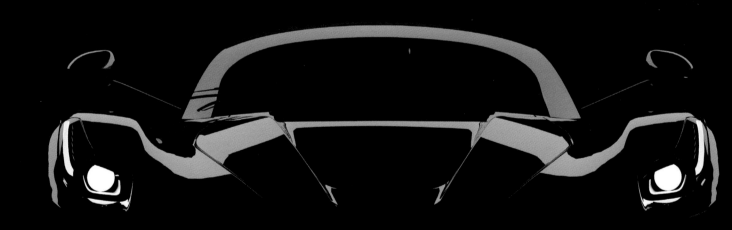

SUPERCAR

현재 슈퍼카는 여러 나라에서 만들어지고 있으며 차종도 다양하다.
큰 메이커와 작은 메이커가 다양하게 경쟁을 하고 있어서
개성적인 외관이나 놀라운 성능, 속도 등을 다투고 있다.
여기서는 이렇게 전 세계에서 만들어지는 멋진 슈퍼카들을 소개해 보겠다.

Ferrari
페라리

슈퍼카만 만드는 슈퍼카 제조 메이커의 대명사 중 하나는 이탈리아의 페라리이다. 원래는 레이싱카만 제조했지만, 그 레이싱카를 일반도로 사양으로 만든 것이 페라리의 로드 카*의 시작이다. 현재는 V12 기통과 V8 기통 두 가지 종류의 엔진을 제조하고 있으며, 미드십과 FR, 사륜구동 모델이 있다. 어떤 모델이든 세계 최고 수준의 성능을 자랑한다. 자동차 애호가라면 누구나가 한 번은 동경하는 그것이 페라리 자동차이다.

488 GTB

페라리

488 GTB 탑재한 엔진 1기통 당 배기량이 488cc라는 것을 의미한다.

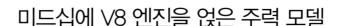

미드십에 V8 엔진을 얹은 주력 모델

현재의 페라리 주력 모델이라 할 수 있는 488은 쿠페 보디인 GTB와 오픈 보디인 스파이더가 있다. 배기량 3,902cc에 트윈 터보가 장착된 V8기통 엔진을 미드십에 얹고 다양한 레이스에서도 활약하는 스포츠 성능이 뛰어난 모델이다.

각 부위에는 레이스에서 단련된 기술이 적용되어 670마력의 엔진 출력과 이 출력을 최대로 사용하기 위한 뛰어난 전자제어 시스템을 갖추고 있다. 시속 100km까지 3초에 주파하는 성능을 평범한 운전자가 일상적으로 만끽하는 것도 가능하다.

보디 디자인에는 최신의 공력 디자인 요소를 반영해 공기저항을 줄였을 뿐만 아니라 더 강력한 다운포스**를 끌어내고 있다. 또한 뒤쪽에는 가변식 디퓨저***를 갖추어서 차체 상황에 맞춰 최적의 공력효과를 만들어낸다.

*로드 카 : 일반 번호판을 달고서 일반도로를 달릴 수 있는 자동차. **다운포스 : 주행 중에 차체를 지면으로 밀착시키는 힘.
***디퓨저 : 차체 바닥 면 뒤쪽에 장착되는 공력 부품으로 차체 바닥 면을 흐르는 공기의 속도를 높인다.

아름답고 힘이 넘치는 디자인

넓고 낮은 보디는 강력한 엔진 출력을
견뎌내면서도 타이어를 지면으로 밀
착시키는 공력이 뛰어난 디자인이다.
또한 「달리는 예술품」이라고도 칭송받
는 페라리만의 아름다움과 카리스마
는 멋진 균형 감각을 보여준다.

스타일링

흔히 「쐐기형태,」*로 표현되는 슈퍼카 특유의 디자인을 하고 있다. 차체 디자인은 페라리 디자인 센터**에
서 담당하며, 선대 모델인 458의 디자인을 바탕으로 더 공력 특성을 더욱 향상한 것이 특징이다.
여기서 소개하는 쿠페 보디인 488 GTB는 488시리즈 가운데서 가장 기본이 되는 모델이다. LED를 사용해
작은 듯이 보이는 헤드라이트는 보디라인과 조화를 이루면서도 뛰어난 공력 특성을 만드는데도 기여한다.

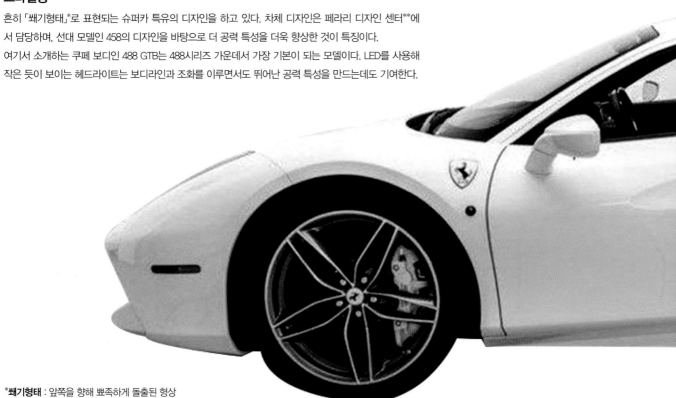

*쐐기형태 : 앞쪽을 향해 뾰족하게 돌출된 형상
**페라리 디자인 센터 : 페라리 본사 안에 있는 디자인을 담당하는 부서

속도를 만들어내는 엔진

페라리 488 시리즈는 V8 터보 엔진을 미드십에
탑재한다. 그 때문에 차체 무게의 균형이 좋아
뛰어난 스포츠 성능을 발휘할 수 있다. 운전석
뒤에 위치하는 엔진은 유리 해치 밑으로 그 모
습을 볼 수 있다. 빨갛게 도장된 엔진 커버에는
「Ferrari」 로고가 선명하게 각인되어 있어서 보
는 것만으로도 이 엔진의 성능을 느끼게 한다.

각 부위의 기능성을 가미한 디자인

488의 각 부위를 살펴보면 라이트나 에어 인테이크 등의 기능성 부품들이 페라리의 전통을 이어받은 아름다움 보디라인을 손상하지 않고 조화롭게 디자인되어 있다. 또한 운전석도 조작하기 편하게 되어 있다.

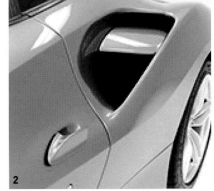

01 테일 라이트(미등) : 페라리의 전통이라고도 할 수 있는 원형 테일 라이트는 488에서 LED를 사용한 한쪽 원 라이트 디자인으로 바뀌었다.

02 에어 인테이크 : 도어 뒤쪽에 있는 대형 에어 인테이크(공기 흡입구)는 엔진으로 신선한 공기를 공급한다.

03 도어 노브 : 도어를 열기 위한 노브(손잡이)는 보기에도 공력을 감안해 작고 얇게 디자인 되었다는 것을 알 수 있다. 도어 손잡이가 작은 것도 페라리의 전통적인 특징이다.

04 에어 인테이크 : 라디에이터를 냉각하기 위한 공기 주입구인 프런트 에어 인테이크는 크게 설치되어 있다.

05 디퓨저 : 차체 아래쪽을 흐르는 공기를 정류하기 위한 공력 부품이다. 최적의 공기 흐름을 만들어낼 수 있도록 속도에 따라 바뀐다.

06 타이어 · 휠 · 브레이크 : 휠은 지름이 큰 20인치를 사용하며 이로써 지름이 큰 브레이크 디스크와 대형 브레이크 캘리퍼를 장착할 수 있게 되어 제동거리*를 단축한다. 타이어 폭은 앞이 245mm, 뒤가 305mm로 용도에 맞춰 다른 크기의 타이어가 장착되어 있다.

*제동거리 : 브레이크가 걸리기 시작하고 나서 자동차가 완전히 정지할 때까지의 거리.

07 핸들 : 운전에 집중하도록 색색의 스위치가 핸들에 일목요연하게 장착되어 있다. 핸들에서 손을 떼지 않고 방향지시등이나 라이트를 조작할 수 있다.

08 트렁크 룸 : 차체 앞쪽 후드를 열면 짐을 넣을 수 있는 공간이 있다. 적재 용량은 230ℓ이며 슈퍼카치고는 큰 편이라고 할 수 있다.

09 미터 : 한가운데 큰 것이 타코 미터, 우측이 스피드 미터이다. 좌측은 용도에 맞게 수온이나 유온, 부스트 압력* 등을 표시할 수 있도록 정보용 디스플레이**로 되어 있다.

10 시트 : 몸을 감싸주는 버킷 타입 시트. 커브를 돌 때 몸이 한 쪽으로 심하게 기우는 것을 방지한다.

11 로고 : 문을 열면 아래쪽(사이드 실) 등 각 부위에 로고 마크가 새겨져 있다.

스펙
SPECIFICATION

전장×전폭×전고 : 4,568×1,952×1,213mm

휠 베이스 : 2,650mm

엔진 : V형 8기통 3,902cc 터보

최고 출력 : 670cv(492kW)/8,000rpm

최대 토크 : 760Nm(77.5kgm)/3,000rpm

트랜스미션 : 7단 듀얼 클러치

타이어 크기 : 앞 245/35 R20, 뒤 305/30 R20

0→100km/h 가속 : 3.0초

최고 속도 : 330km/h 이상

탑승인원 : 2명

*부스트 압력 : 터보 엔진에서 터보가 엔진으로 공기를 보낼 때 공기에 가해지는 압력.

**정보용 디스플레이 : 차량 각 부위의 상태를 운전자에게 전달하는 화면.

Ferrai 488 PISTA

페라리 **488** 피스타

속도를 만들어내는 엔진

자동차 이름에 붙은 「피스타」는 이탈리아어로 「트랙*」
이라는 의미로서 488 GTB를 바탕으로 더 성능을 높인
모델이다. 엔진 출력에서 50마력이 올라갔고, 차체도
전용 공력 부품이나 서스펜션을 장착하고 있다.

스펙 SPECIFICATION

전장×전폭×전고 : 4,605×1,975×1,206mm

엔진 : V형 8기통 3,900cc 터보

최고출력 : 720cv(530kW)/8,000rpm

최대토크 : 770Nm(78.5kgm)/3,000rpm

트랜스미션 : 7단 듀얼 클러치

0→100km/h 가속 : 2.85초

최고속도 : 340km/h 이상

운전석 488 GTB와 크게 다른 점은 없지만, 시트나 대시보드가 알칸타라(인공 직물)
로 덮여 있다.

Ferrai 488 Challenge

페라리 **488** 챌린지

원 메이크 레이스용 모델

488로만 펼쳐지는 원 메이크 레이스용** 레이싱카이
다. 레이스에 필요 없는 장비를 떼어내 경량화하거나
대형 윙이나 전용 댐퍼 등을 장착해 공력 특성을 향상
함으로써 서킷에서의 전투력을 높였다.

01 **스타일링** : 창문은 합성수지로 바꿔서 경량화 했으며, 뒤쪽에는 대형
윙이 장착되어 있다. 서스펜션도 전용 제품을 사용하면서 차고가 낮아
졌다.

02 **운전석** : 핸들은 레이스용으로 바뀌었고 스위치 종류는 카본 제품의
패널에 배치되어 있다.

스펙 SPECIFICATION

전장×전폭×전고 : 4,587×1,945×1,203mm

엔진 : V형 8기통 3,900cc 터보

최고출력 : 670cv(493kW)/8,000rpm

최대토크 : 760Nm(61.2kgm)/3,000rpm

트랜스미션 : 7단 듀얼 클러치

0→100km/h 가속 : -

최고속도 : -

*트랙 : 서킷 등에서 코스를 가리킨다.
**원 메이크 레이스 : 한 종류의 차종으로만 이루어지는 레이스.

Ferrai 488 Spider

페라리 **488** 스파이더

하드톱 수납방식의 오픈카

488의 가지치기 모델 가운데 하나로 지붕을 전동 모터로 개폐할 수 있는 오픈카이다. 보디는 쿠페와 똑같은 보디 강성을 갖기 위해 전용으로 설계되었다. 지붕 개폐에 걸리는 시간은 14초에 불과하다.

스펙 SPECIFICATION

전장×전폭×전고 : 4,605×1,975×1,206mm

엔진 : V형 8기통 3,900cc 터보

최고출력 : 720cv(530kW)/8,000rpm

최대토크 : 770Nm(78.5kgm)/3,000rpm

트랜스미션 : 7단 듀얼 클러치

0→100km/h 가속 : 2.85초

최고속도 : 340km/h 이상

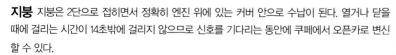

지붕 지붕은 2단으로 접히면서 정확히 엔진 위에 있는 커버 안으로 수납이 된다. 열거나 닫을 때에 걸리는 시간이 14초밖에 걸리지 않으므로 신호를 기다리는 동안에 쿠페에서 오픈카로 변신할 수 있다.

Ferrari

812 Superfast

페라리

812 슈퍼패스트 812는 「800마력, 12기통」을 의미하며, 슈퍼패스트는 「아주 빠르다」는 의미이다.

V12기통 엔진을 얹은 페라리의 플래그십*

페라리의 12기통 엔진을 얹은 최신형 FR모델이 이 「812 슈퍼패스트」이다. 812는 800마력의 8과 12기통의 12를 합성한 것이다. 이름에서 느껴지듯이 시속 100km까지 2.9초에 가속할 수 있으며, 시속 340km의 최고속도를 자랑한다. 6,496cc의 배기량이 뿜어내는 800마력의 엔진 출력을 최대한 사용하기 위해 컴퓨터를 통해 출력을 제어한다.

*플래그십(Flagship) : 그 메이커를 대표하는 최상위 모델.

스타일링

앞쪽에 V형 12기통 엔진을 장착하기 때문에 운전석부터 앞부분이 길고, 운전석부터 뒷부분이 짧은 롱 노즈 · 숏 데크 스타일이며, 왕년의 명차 365 GTB/4를 연상시킨다. 812는 페라리 스타일링 센터가 디자인한 것으로 아름다움과 강력함 두 가지를 느끼게 한다. 헤드라이트는 LED를 사용하여 보디라인과 아름다운 조화를 이루고 있다. 테일 라이트는 4등 타입으로, 클래식 페라리와 통하는 디자인이다.

엔진

812의 전방에 탑재된 V형 12기통 엔진은 6,496cc의 큰 배기량에 최고출력 800마력을 8,500rpm에서 발휘하는 페라리다운 고속회전형 엔진이다. 이 엔진은 1.5톤이 넘는 차체를 단 2.9초 만에 시속 100km까지 가속시킬 수 있다.

01 시트 : 스포츠 주행에 적합한 밀착성이 뛰어난 시트이다.

02 운전석 : 운전 집중을 우선으로 내세운 만큼 스포티한 배치를 하고 있다. 동승석에는 차량의 형태 등이 표시되는 터치패널 디스플레이*가 장착되어 있다.

스펙
SPECIFICATION

전장×전폭×전고 : 4,657×1,971×1,276mm

휠 베이스 : 2,720mm

엔진 : V형 12기통 6,496cc

최고 출력 : 800cv(588kW)/8,500rpm

최대 토크 : 718Nm/7,000rpm

트랜스미션 : 7단 듀얼 클러치

타이어 크기 : 앞 275/35 R20, 뒤 315/35 R20

0→100km/h 가속 : 2.9초

최고 속도 : 340km/h 이상

탑승인원 : 2명

*터치패널 디스플레이 : 화면을 터치해 스위치나 정보의 변경 등을 할 수 있는 화면.

Ferrari
Portofino

페라리
포르토피노
아름답기로 유명한 이탈리아의 포르토피노 리조트를 모델명으로 채택했다.

V8기통 엔진을 탑재한 4인승 카브리올레

이탈리아에서 가장 아름답다고 하는 포르토피노 리조트에서 유래된 이름을 가진 이 페라리는 열고 닫기가 가능한 지붕이 달린 쿠페 카브리올레* 모델이다. 엔진은 600마력을 발휘하는 V형 8기통 터보 3,855cc.

이 엔진을 앞쪽에 장착하고 뒷바퀴를 구동하는 FR방식을 채택하였다. 지붕은 약 14초 만에 열리거나 닫히고, 저속이라면 주행 중에도 조작할 수 있다. 운전석 뒤로 약간 작은 시트가 있는 2+2 레이아웃의 4인승이라는 점도 특징이다.

*쿠페 카브리올레 : 접이식 하드톱을 갖추고 있어서 쿠페와 오픈 2가지 타입의 보디를 즐길 수 있는 자동차.

스타일링

쿠페 상태나 오픈 카 상태에서도 페라리다운 아름다움과 강렬함이 넘치는 스타일이다. 프런트 디자인은 LED 헤드라이트, 페라리의 말 엠블럼이 중앙에 배치된 그릴 등 현대적 페라리 디자인의 전형이라고 할 수 있다.

01 **운전석** : 운전할 때 조작하기 쉽도록 대부분의 스위치가 핸들에 배치되어 있다.

02 **시트** : 조금 작은 듯하지만, 뒤에도 두 명이 앉을 수 있는 시트가 있다.

지붕

「리트랙터블 하드톱」*으로 불리는 보디는 쿠페와 오픈 2가지 타입의 보디를 즐길 수 있다. 지붕은 접히면서 트렁크 안에 완전히 수납되어 14초 만에 완전한 오픈카로 바뀐다.

스펙
SPECIFICATION

전장×전폭×전고 : 4,586×1,938×1,318mm

휠 베이스 : 2,670mm

엔진 : V형 8기통 3,855cc 터보

최고출력 : 600cv(441kW)/7,500rpm

최대토크 : 760Nm/3,000~5,250rpm

트랜스미션 : 7단 듀얼 클러치

타이어 크기 : 앞 245/30 ZR20, 뒤 285/35 ZR20

0→100km/h 가속 : 3.5초

최고속도 : 320km/h 이상

탑승인원 : 4명

*리트랙터블 하드톱(Retractable Hardtop) : 금속이나 수지 등과 같은 단단한 재질로 만들어진 지붕을 접어서 수납할 수 있는 타입의 보디.

Ferrari
GTC4L Lusso

페라리 **GTC4L** 루쏘 이탈리아어로 「호화로움」을 의미

4좌석+사륜구동의 투어링 모델

V형 12기통 엔진을 장착하는 GTC4L 루쏘는 페라리 모델 중에선 드물게 4륜구동을 적용한 그랜드 투어링 모델이다. 사륜구동 외에 뒷바퀴가 움직이는 사륜 조향 시스템*도 갖추고 있다. 이 독특한 스타일의 보디는 어른만 4명까지 앉을 수 있는 4인승으로 페라리다운 스포츠 드라이빙과 실용성을 겸비한 모델이다. V형 8기통 터보엔진을 탑재하는 「GTC4 루쏘T」라는 모델도 있지만 구동 방식은 FR이다.

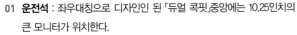

01 **운전석** : 좌우대칭으로 디자인인 된 「듀얼 콕핏」중앙에는 10.25인치의 큰 모니터가 위치한다.

02 **실내** : 어른 4명이 탈 수 있을 만큼의 실내공간을 확보하고 있다.

스타일링

쿠페 보디의 지붕을 연장한 「슈팅 브레이크」등으로도 불리는 스포티한 왜건 스타일이다. 헤드라이트나 테일 라이트는 812나 포르토피노 등과도 맞닿아 있다.

*사륜 조향 시스템 : 보통은 앞바퀴가 움직여 자동차의 방향을 바꾸지만 사륜 조향의 경우는 뒷바퀴까지 움직이기 때문에 핸들링이 좋아진다.

스펙 SPECIFICATION

전장×전폭×전고 : 4,922×1,980×1,383mm

엔진 : V형 12기통 6,262cc

최고출력 : 690cv(507kW)/8,000rpm

최대토크 : 697Nm/5,750rpm

트랜스미션 : 7단 듀얼 클러치

0→100km/h 가속 : 3.4초

최고속도 : 335km/h

Ferrari
J50

페라리 J50

J는 「Japan=일본」을 의미하고, 50은 「50주년」을 의미한다.

일본 한정 스페셜 모델

페라리가 일본에 정식 수입된 이후 50주년을 기념해 10대만 한정 생산한 일본용 스페셜 모델이다. 488 스파이더가 베이스이기는 하지만 전용 보디와 전용으로 튜닝된 690마력의 V8 터보엔진을 장착하고 있다. J50는 30억이나 되는 고가인 관계로 웬만한 재력과 애호가가 아니면 손에 넣을 수 없는 특별한 모델이다.

01 **운전석** : 488의 운전석을 바탕으로 J50 전용으로 디자인되었다.

02 **시트** : 전용 디자인 시트로서 등받이를 젖힐 수 있는 리클라이닝 버킷 시트이다.

스타일링
J50 각 부위의 디자인은 페라리의 예전 레이싱카 등으로부터 착상한 것이다.

스펙 SPECIFICATION

전장×전폭×전고 : –

엔진 : V형 8기통 3,902cc 터보

최고출력 : 690cv

최대토크 : –

미션 : 7단 듀얼 클러치

0→100km/h 가속 : –

최고속도 : –

Ferrari

LaFerrari

페라리
라페라리 이탈리아어로 「더 페라리」라는 의미

라페라리는 하이브리드카이지만 모터만으로는 주행하지 못한다. 탑재된 모터는 주로
가속할 때 엔진을 지원하거나 감속할 때 발전기로 작용한다. 또한 하이브리드화를 통
해 이산화탄소 배출량*을 줄임으로써 환경 친화적인 슈퍼카로도 불린다.

*이산화탄소 배출량 : 배기가스 안에 함유된 이산화탄소량. 이 양이 적을수록 환경 친화적인 자동차이다.

최상의 페라리를 구현하기 위해 개발

페라리는 10년마다 기념모델을 한정해서 발표하고 있다. 이 기념모델은 구하기 쉽지 않아서 전 세계 슈퍼카 애호가들이 동경해 오고 있다. 여기서 소개하는 「라페라리」는 페라리라는 회사명을 그대로 자동차 이름으로 사용한, 그야말로 최상의 페라리로서 2013~2016년에 499대만 생산된 한정판 모델이다.

새로운 시대에 페라리가 지켜야 할 기본이 되도록 만들어진 이 자동차는 페라리 최초의 하이브리드 시스템을 적용했다. 모터와 엔진 출력을 합치면 963마력을 발휘하면서 2.5초 이하에 시속 100km까지 가속할 수 있다. F1 드라이버의 의견을 반영해 만들어진 라페라리는 서킷에서도 당시 페라리 정규 모델 이상의 성능을 발휘하기도 했다.

페라리 디자인의 집대성

라페라리는 F1처럼 만들어진 카본 모노코크 섀시에 2개의 모터와 조합한 V형 12기통 엔진을 탑재한다. 공력 특성*을 향상하기 위해 적용한 「액티브 에어로 다이내믹스」시스템은 차체 속도나 상황에 맞춰 스포일러 종류를 자동으로 바꿔줌으로써 각 상황에서 최적의 공력 특성을 발휘하게 한다.

스타일링

차체는 페라리 디자인센터에서 디자인했다. 예전의 레이싱카를 연상시키면서도 최신 페라리 디자인을 반영한 모습이다.

01 에어덕트 : 전방에 장착된 라디에이터의 열을 빼내기 위해 프런트 후드에 큰 에어덕트를 설치해 놓았다.

02 미러 : 백미러는 카본 제품으로, 보디 형상에 맞추기 위해 스테이 부분을 길게 했다.

03 테일 라이트 : 테일 라이트는 한 개짜리 타입을 적용했으며, 그 옆으로 엔진 열을 빼내기 위해 큰 덕트를 설치했다.

04 배기관 : 배기관은 한쪽 당 2구 타입으로 총 4개가 나와 있다. 디퓨저는 속도에 맞춰 바뀌면서 최적의 공력 특성을 발휘한다.

02 타이어 : 앞 265mm, 뒤 335mm의 광폭 타이어가 장착되어 있다.

***공력 특성** : 주행 중 어느 정도의 공기저항을 받는지에 대한 성능. 적을수록 성능적으로는 좋다.

01 백라이트/백 카메라 : 후방 중앙부분에는 백라이트와 백 카메라가 한 형태로 장착되어 있다.

02 전방 후드 내부 : 전방 후드를 열면 대형 라디에이터*가 장착되어 있다. 라디에이터 뒤쪽에는 짐을 실을 수 있는 공간이 있다.

03 동력 장치 : 800마력의 V형 12기통 엔진이 있으며 2개의 모터와 함께 합계 963마력을 발휘한다.

01 운전석 : 핸들은 사각형에 가까운 모습으로, 모드 전환이나 엔진 출발 버튼 등이 배치되어 있다.

02 콘솔 : 카본 제품의 콘솔에는 기어 선택 버튼과 비상등, 유리창 개폐 버튼이 배치되어 있다.

03 미터 : 타코미터를 중심으로 디자인된 디지털 미터를 사용한다.

04 엠블럼 : 도어 앞쪽으로 페라리 엠블럼인 「도약하는 말」이 붙어 있다.

05 대시보드 : 붉은색 가죽으로 덮인 대시보드에는 「LaFerrari」의 입체 엠블럼이 붙어 있다.

06 시트 : 시트는 운전자의 체형에 맞춘 고정식이다.

07 배터리 충전기 : 「도약하는 말」엠블럼이 붙은 배터리 충전기로 충전한다.

스펙
SPECIFICATION

전장×전폭×전고 : 4,702×1,992×1,116mm

휠 베이스 : 2,650mm

엔진 : V형 12기통 6,262cc+모터

최고출력 : 800cv/9,000rpm+163cv

최대토크 : 700Nm/6,750+200Nm

미션 : 7단 듀얼 클러치

타이어 크기 : 앞 265/30 R19, 뒤 335/30 R20

0→100km/h 가속 : 3초 이하

최고속도 : 350km/h

탑승인원 : 2명

***라디에이터** : 엔진 내부에서 순환하는 냉각수를 주행풍의 힘으로 냉각하기 위한 부품.

LAMBORGHINI
람보르기니

페르치오 람보르기니가 설립한 람보르기니 회사는 원래 트랙터를 제조하는 메이커였다. 스포츠카를 좋아했던 페르치오는 다른 메이커의 스포츠카보다 좋은 스포츠카를 만들고 싶은 생각에 획기적인 아이디어로 무장한 다양한 슈퍼카를 만들어 내놓게 된다. 그 가운데서도 1974년에 등장한 카운타크는 람보르기니뿐만 아니라 슈퍼카를 상징하는 자동차 중 하나로 자리매김 되었다.

HURACAN

람보르기니
우라칸

람보르기니 우라칸(HURACAN)은 스페인어로 「허리케인」이라는 의미로, 이 이름을 가졌던 투우에서 따온 것이다.

스타일링

우라칸의 베이스는 이 쿠페 보디이다. 낮고 넓은 쐐기형태의 차체 디자인은 카운타크부터 시작된 람보르기니의 슈퍼 카 디자인의 기본형이라고도 할 수 있다. 문은 위쪽으로 열리는 시저스 타입이 아니라 옆으로 열리는 일반적 타입이다. LED를 사용한 헤드라이트는 앞모습에 날카로운 인상을 주지만 간결하게 정리되어 있다.

소형 차체에 고성능 메커니즘을 적용

람보르기니 우라칸은 610마력을 발휘하는 V형 10기통 엔진을 미드십에 탑재하는 슈퍼 카이다. 보디는 지붕이 있는 쿠페와 오픈된 스파이더가 있으며, 각각 4륜구동과 후륜구 동 2가지 타입의 구동 방식이 있다.

또한 고성능 사양의 우라칸 퍼포만테나 레이스용 슈퍼 트로페오, GT3 등도 라인업하고 있다. 람보르기니 모델 가운데서는 소형 축에 속하지만 차체의 크기는 전장 4,459mm, 전폭 1,924mm로 박력은 충분히 넘친다. 차 이름인 「우라칸」은 스페인어로 「허리케인」 이라는 의미로서 스페인의 투우 이름에서 딴 것이다. 오토매틱 미션에 핸들이나 액셀러 레이터도 가볍고 운전하기가 쉬워서 슈퍼카의 기본적 모델로 인기가 높다.

속도와 경쾌함을 갖춘 오픈 보디

우라칸의 오픈 모델인 스파이더는 개폐식 덮개 지붕으로 되어 있다. 지붕 개폐에 걸리는 시간은 약 17초로, 시속 50km 이하라면 주행 중에도 개폐할 수 있다. 지붕이 없어진 만큼 보디를 보강해야 했기 때문에 쿠페보다 차체 무게가 무거워지기는 했지만 그래도 3.4초에 시속 100km 까지 가속할 수 있으며, 최고속도는 시속 324km를 자랑한다. 슈퍼카의 스포츠 성능을 유지하면서도 오픈 보디의 경쾌함을 느낄 수 있는 슈퍼 오픈카가 바로 이 우라칸 스파이더인 것이다.

스타일링

지붕이 없어지면서 뒷모습이 쿠페와는 다른 디자인을 하고 있다.
지붕을 연 상태에서 가장 아름답게 보이도록 디자인한 것이다.

스펙
SPECIFICATION

전장×전폭×전고 : 4,459×1,924×1,180mm

휠 베이스 : 2,620mm

엔진 : V형 10기통 5,200cc

최고출력 : 610hp(449kW)/8,250rpm

최대토크 : 560Nm/6,500rpm

미션 : 7단 듀얼 클러치

타이어 크기 : 앞 245/30 R20, 뒤 305/30 R20

0→100km/h 가속 : 3.4초

최고속도 : 324km/h

탑승인원 : 2명

지붕

천으로 된 지붕 덮개는 전동으로 엔진 위에 장착된 커버 안쪽으로 수납된다. 개폐는 약 17초면 충분하므로 신호 대기시간 동안에도 개폐를 완료할 수 있다. 만약 차가 움직이기 시작해도 시속 50km 이하에서는 개폐가 가능하다.

01 운전석 : 센터 콘솔에 많은 스위치 종류가 배치되었고, 윙커나 주행모드 변경 스위치는 핸들에 배치되어 있다.

02 시트 : 시트는 등받이를 뒤로 젖힐 수 있는 기구가 내장된 버킷 타입이다.

레이스에서 활약하는 우라칸

「우라칸 슈퍼 트로페오」나 「슈퍼 트로페오 에보」「우라칸 GT3」같은 모델은 마력이 더 높은 엔진을 장착하였으며, 일반도로에서는 달리지 못하는 경량화된 차체의 레이스 전용 모델이다.

LAMBORGHINI
HURACAN Perfomante

람보르기니
우라칸 퍼포만테
퍼포만테(Perfomante)는 「성능」이라는 의미로서 고성능이라는 것을 가리킨다.

속도를 추구한 특별한 우라칸

우라칸은 기본 모델만으로도 슈퍼카로서 충분한 성능을 자랑하지만, 이 우라칸 퍼포만테는 더 높아진 출력 장치와 공기 역학 부품, 서스펜션의 강화로 인해 한 단계 더 뛰어난 성능을 발휘한다.

우라칸 퍼포만테 전용으로 개발된 액티브 에어로다이내믹스 시스템은 주행상태에 맞춰 최적의 공력 특성을 발휘하도록 스포일러나 윙 각도를 조정할 수 있다. 또한 차체 무게는 경량화를 통해 1,382kg까지 낮아졌으며, 전용 튜닝으로 최고출력 640마력까지 향상된 엔진으로 시속 100km까지 2.9초에 도달한다.

640마력의 우라칸 최고속도 모델

우라칸은 이탈리아의 슈퍼 카 메이커인 람보르기니가 생산하는 V형 10기통 엔진을 장착한 모델이다. 우라칸 퍼포만테는 엔진을 640마력까지 높였고, 기본형 우라칸과 달리 카본 파이버 등의 재료를 사용하여 차체를 40kg이나 가볍게 만든 우라칸의 최고봉 모델이다.

2.9초만에 시속 100km까지 가속할 수 있으며, 최고속도는 시속 325km 이상을 낼 수 있다. 기본형 우라칸은 4개의 타이어를 구동하는 4륜구동 시스템만 적용하고 있지만, 퍼포만테는 여기에 전용의 윙을 장착하고 있어서 속도가 더 빨라졌음에도 안정적인 주행이 가능하다. 자동차 이름인 「퍼포만테」는 이탈리아어로 「성능」이라는 의미로서 기본형 우라칸보다 고성능이라는 것을 뜻한다.

우라칸 퍼포만테는 2016년 10월 독일에 있는 뉘르부르크링 서킷* 1랩을 6분 52.01초에 주파해 시판 차량 가운데는 가장 빠른 차가 되기도 했다.

앞모습
헤드라이트는 바람의 저항을 줄이기 위해 차체에 내장되어 있다.

*뉘르부르크링 서킷 : 독일에 있는 레이스용 서킷으로 1927년에 만들어진 1랩 20.832km의 북쪽 코스를 달리는 시간은 슈퍼카의 성능을 보여주는 하나의 기준으로 받아들여지고 있다.

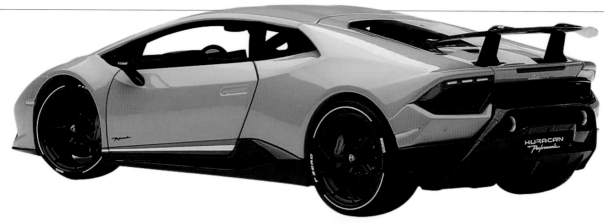

스타일링

옆에서 봤을 때 눈에 띄는 것은 우라칸 퍼포만테용의 특별한 리어 윙과 전면·측면의 스포일러이다. 이런 특별한 부품들은 빠른 속도로 달릴 때 차체가 뜨는 것을 막아주고, 출력을 100% 지면으로 전달한다.

뒷모습

뒤에서 보면 굵은 머플러 테일 2개가 보인다. 여기서 박력 넘치는 배기음이 뿜어져 나온다.

속도를 위한 고성능 장비

우라칸 퍼포만테는 빨리 달리기 위해 만들어진 슈퍼카이다.
엔진은 특별히 조정한 5,200cc의 V형 10기통으로 최대출력
은 640마력, 최대토크는 600Nm이다. 엔진 출력은 4륜구동
을 통해 지면에 전달되며, 브레이크도 강화되었다. 운전석에
는 최신 액정 미터가 장착되어 다양한 정보를 볼 수 있다.

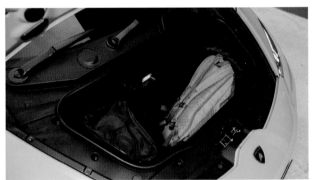

트렁크

우라칸 퍼포만테의 트렁크는 차체의 전방에 있다. 용량이 작은 편이어서 물
건을 충분히 싣지는 못한다.

타이어

타이어 폭은 앞이 245mm, 뒤가 305mm로, 피렐리 제품의 P 제로 코르사라
고 하는 스포츠 타이어를 사용한다. 폭이 넓은 타이어를 사용해 엔진의 출력
을 그대로 지면에 전달함으로써 커브를 안정적이고 빠른 속도로 돌 수 있다.

휠

휠의 크기는 앞뒤 모두 20인치의 알루미늄 휠이다. 휠의 지름이 큰 것을 사
용하면 그만큼 큰 브레이크 로터를 장착할 수 있다.

브레이크

녹색으로 칠해진 브레이크 캘리퍼는 앞쪽에 6피스톤, 뒤쪽에 4피스톤 타
입을 사용한다. 브레이크 로터는 열에 강한 카본 세라믹 소재로서, 앞 직경
308mm 뒤 356mm나 되는 대형 로터를 사용해 강력한 제동력을 발휘한다.

01 핸들 : 핸들은 전동식 파워 스티어링*이기 때문에 상당히 가볍고, 7단 듀얼 클러치 미션을 장착하고 있어서 클러치 페달이 없다. 핸들에는 윙커, 와이퍼, 주행 모드 전환 스위치 등이 배치되어 있다.

02 미터 : 미터는 전부 액정으로 표시된다. 아날로그 타코미터, 디지털 타입의 속도계, 내비게이션 시스템 등이 표시된다. 미터 패널의 표시는 기호나 용도에 맞춰 바꿀 수 있다.

03 센터 콘솔 : 센터 콘솔 가장 위쪽에는 유압, 유온, 전압 미터가 배치되었고, 그 밑으로 파워 윈도우나 비상 램프 조작 버튼이 배치되어 있다. 이어서 에어컨, 오디오 조작 관련 스위치나 다이얼이 있고, 가장 밑으로 엔진 시동·정지 버튼이 있다.

04 엔진 : V형 10기통 엔진은 차체 중앙에 위치한다. 배기량 5,200cc에 최대출력 640마력, 최대토크 600Nm이다.

스펙
SPECIFICATION

전장×전폭×전고 : 4,506×1,924×1,165mm	미션 : 7단 듀얼 클러치
휠 베이스 : 2,620mm	타이어 크기 : 앞 245/30 R20, 뒤 305/30 R20
엔진 : V형 10기통 5,200cc	0→100km/h 가속 : 2.9초
최고출력 : 640hp(470kW)/8,000rpm	최고속도 : 325km/h 이상
최대토크 : 600Nm(61.2kgm)/6,500rpm	탑승인원 : 2명

*전동식 파워 스티어링 : 모터에 의한 어시스트를 통해 핸들을 돌릴 때의 무게감을 줄인 파워 스티어링을 말한다.

LAMBORGHINI
AVENTADOR S

람보르기니

아벤타도르 S
스페인어로 「부채」를 의미하며, 스페인 투우에서 활약했던 수컷 소의 이름에서 따왔다.

전설의 슈퍼 카 후예

전설의 슈퍼 카 「카운타크」 직계라 할 수 있는 V
형 12기통 엔진을 미드십에 탑재한 람보르기니
의 최고봉 모델이 아벤타도르 시리즈이다. 쿠페
모델인 아벤타도르 S 쿠페는 시속 350km 이상의
4륜구동 모델이다. 또한 람보르기니의 최고봉 모
델답게 세로 방향으로 열리는 시저스 도어를 사
용하는 등 스타일링 측면에서도 슈퍼 카의 면모
를 느낄 수 있다.

운전석

대형 센터 콘솔에는 여러 가지 스위치가 배치되어 있다. 핸들은 아래쪽이 평평한 D자형이고, 미터는 설정 가능한 디지털 방식이라 다양한 정보가 표시된다.

세부 디자인

5각형을 한 3개의 배기관이 하나로 모아진 머플러 테일 모습. 이런 세세한 부분의 디자인을 통해 슈퍼카 메이커로서의 자존심과 뛰어난 완성도를 추구하는 자세를 엿볼 수 있다.

스타일링

전장 4,797mm, 전폭 2,030mm나 되는 큰 차체를 갖고 있지만 전고는 1,136mm밖에 안 될 정도로 낮아서 슈퍼카 다운 박력 넘치는 스타일을 갖추고 있다. 직선을 기조로 한 날카로운 라인의 차체는 람보르기니다움이 넘쳐나는 디자인이다.

쿠페와 로드스터 2가지 보디

아벤타도르 S는 4륜구동 외에 액티브 서스펜션이나 4륜 스티어링 시스템과 같은 최신 기술을 적용하여 740마력이나 되는 출력을 충분히 소화한다. 또한 아벤타도르 S 로드스터는 탈착식 지붕으로 된 오픈카이다.

카본 재질의 지붕은 약 6kg으로 가볍게 만들어졌으며, 분리한 뒤에 앞 후드 밑으로 넣을 수 있다. 로드스터의 뒤 유리창은 전동으로 개폐되기 때문에 V12기통 엔진 소리를 언제든지 들을 수 있다.

로드스터의 원형

아벤타도르 J로 명명한 이 차는 1대만 만들어진 스페셜 모델이다. 이 차는 그 후에 등장하는 로드스터의 원형이 되었다.

지붕뿐만 아니라 전방 유리까지 없앤 디자인은 너무나도 도전적이다. 일반적으로 사용하기에는 무리가 있지만 그래도 분명히 일반도로를 달릴 수 있게 만들어졌다.

스타일링

뒤쪽의 디자인이 쿠페와 조금 다르다. 경량의 카본 지붕은 탈착식이라 복잡한 수납식 기능이 없어서 보디 보강을 포함한 무게 증가가 쿠페보다 50kg 정도가 늘어났을 뿐이다.

스펙
SPECIFICATION

전장×전폭×전고 : 4,797×2,030×1,136mm

휠 베이스 : 2,700mm

엔진 : V형 12기통 6,498cc

최고출력 : 740hp(544kW)/8,400rpm

최대토크 : 690Nm/5,500rpm

미션 : 7단 듀얼 클러치

타이어 크기 : 앞 255/30 ZR20, 뒤 355/25 ZR21

0→100km/h 가속 : 3.0초

최고속도 : 350km/h

탑승인원 : 2명

LAMBORGHINI
CENTENARIO

람보르기니
센테나리오 이탈리아어로 「100주년」이라는 의미

세계에 40대밖에 없는 특별한 슈퍼카

람보르기니 회사의 창립자인 페르치오 람보르기니 탄생 100주년을 기념해 아벤타도르를 바탕으로 제작한 한정 차량이 이 센테나리오이다. 쿠페와 로드스터 2가지 타입에 각각 20대씩 총 40대만 세계 한정으로 제작되었다.

모두 카본으로 만들어진 전용 보디에 아벤타도르 엔진을 바탕으로 770마력까지 출력을 향상시켰다. 판매 가격이 20억 원 이상이나 되는 비싸고 희소한 슈퍼카이다.

01 타이어 : 전용으로 디자인된 알루미늄 휠은 앞이 20인치*, 뒤가 21인치이다.

02 보디 : 카본 소재의 보디 패널을 적용했으며, 문 뒤쪽으로는 에어 덕트가 크게 위치해 있다.

03 운전석 : 다양한 정보를 표시할 수 있는 미터 외에 센터 콘솔에도 대형 디스플레이를 장착했다.

04 머플러 : 후방 가운데에 3개의 머플러 테일이 나란히 배치되었다.

스타일링

아벤타도르를 바탕으로 만들었지만 보디에는 공통되는 부품이 거의 없다. 보디 패널은 카본으로 만들어졌고 앞·뒤로는 큰 디퓨저가 장착되어 있다.

스펙
SPECIFICATION

전장×전폭×전고 : 4,924×2,062×1,143mm

휠 베이스 : 2,700mm

엔진 : V형 12기통 6,498cc

최고출력 : 770hp(566kW)/8,500rpm

최대토크 : 690Nm/5,500rpm

미션 : 7단 듀얼 클러치

타이어 크기 : 앞 255/30 ZR20, 뒤 355/25 ZR21

0→100km/h 가속 : 2.8초

최고속도 : 350km/h

탑승인원 : 2명

*인치 : 야드·파운드법의 길이 단위로서, 1인치는 25.4mm이다. 휠 지름을 나타낼 때는 이 인치 표기를 사용한다.

LAMBORGHINI
Terzo Millennio

람보르기니
테르조 밀레니오 <small>이탈리아어로 서기 3,000년대를 의미한다.</small>

전기로 달리는 슈퍼카의 미래상

람보르기니가 생각하는 미래 슈퍼카의 모습이 바로 테르조 밀레니오이다. 이 슈퍼카는 휠에 장착된 4개의 모터로 달리는 전기자동차로서 「슈퍼 커패시터」로 불리는 강력한 배터리로 구동된다. 카본제 보디 자체에 충전기능이 있으며, 손상 등을 스스로 수리하는 자기 복구기능을 적용하고 있다. 아직 콘셉트 차량이라 연구 단계에 있지만 가까운 미래에 이 차에서 연구한 기술로 만든 자동차가 달리기 시작할 것이다.

스타일링
디자인은 현대의 람보르기니 디자인과 약간 다른 인상을 주지만 「낮고 넓은 쐐기형태」로 대표되는 람보르기니 슈퍼카의 기본 틀은 유지하고 있다.

타이어
보디 형상에 충전기능을 갖추거나 자기 복구기능을 갖추는 등의 첨단 기술은 매사추세츠 공과대학과 공동으로 연구하고 있다.

LAMBORGHINI

VENENO ROADSTER

람보르기니 베네노 로드스터

베네노는 스페인어로 「독(毒)」을 의미하는데, 이 이름을 가졌던 투우에서 따왔다.

람보르기니 회사 창립 50주년을 기념한 한정 모델

람보르기니 회사의 창립 50주년을 기념해 만들어진 것이 베네노와 그 오픈 모델인 베네노 로드스터이다. 베네노는 3대, 로드스터는 9대만 만들어졌다. 로드스터의 가격은 40억 원이 넘는다. 샤크 핀(Shark Fin)이라 불리는 비행기의 수직 꼬리날개 같은 스포일러나 낮은 위치에 장착된 헤드라이트 등 개성적인 디자인이 눈을 사로잡는 슈퍼카이다.

스타일링

박력 넘치는 각 부위의 공력 부품들은 강력한 다운포스를 만들어낸다. 가장 특징적인 샤크 핀은 대형 윙과 일체화되어 있다.

스펙 SPECIFICATION

전장×전폭×전고 : 4,785×1,993×1,115mm

엔진 : V형 12기통 6,498cc

최고출력 : 750hp/8,400rpm

최대토크 : 690Nm/5,500rpm

타이어 크기 : 앞 255/30 ZR20, 뒤 355/25 ZR21

0→100km/h 가속 : 2.9초

최고속도 : 355km/h

PORSCHE
포르쉐

1931년, 페르디난드 포르쉐 박사에 의해 자동차 설계와 컨설팅 회사로 설립된 것이 포르쉐 회사의 시작이다. 폭스바겐의 타입1(비틀)이라던가 전차 등도 많이 설계했다. 1948년에 처음으로 포르쉐 이름을 가진 356 프로토 타입을 발표한 이후 스포츠카를 중심으로 자동차 제조를 계속해 오고 있다. 1963년에 발표된 901은 다음 해에, 지금도 포르쉐의 간판 모델로 자리하고 있는 911이라는 이름으로 발매되었다.

918 SPYDER

포르쉐

918 스파이더
918은 전설의 레이싱 카 917의 후계라는 의미이며, 스파이더(거미)는 오픈카를 뜻한다.

스타일링

각 부위에 포르쉐의 전통적인 디자인이 적용되면서 한 눈에 봐도 포르쉐 차임을 알 수 있다. 전체적인 인상은 포르쉐 917을 모티브로 하고 있지만, 이름에 「스파이더」가 들어가는 것은 지붕을 벗겨서 오픈 보디로 만들 수 있기 때문이다.

서킷 태생의 하이브리드 괴물

918 스파이더는 플러그인 하이브리드 시스템*을 탑재한 슈퍼카이지만 원래는 레이싱 카로 개발되었다. 1960~70년대에 걸쳐 르망 24시간 내구레이스** 등에서 활약했던 전설의 레이싱 카인 포르쉐 917***이 918 스파이더 디자인의 모티브를 제공하면서 포르쉐다운 슈퍼카 스타일로 완성된 것이다.

출력이 높은 엔진과 모터를 조합한 하이브리드 시스템이 최고속도 시속 340km까지 가속시킨다. 판매 가격이 약 10억 원 정도로, 세계적으로 918대만 판매되었다.

*플러그인 하이브리드 : 콘센트를 통해 전기를 충전할 수 있는 하이브리드 장치.
**르망 24시간 내구레이스 : 매년 6월 프랑스의 르망시에 있는 사르트 서킷에서 벌어지는 24시간 연속 주행 내구 레이스.
***포르쉐 917 : 1960~70년대에 걸쳐 내구 레이스 등에서 활약한 포르쉐의 레이싱 카.

모터만으로도 시속 150km를 발휘

엔진은 미드십에 탑재되어 뒷바퀴만 구동하고 앞바퀴는 모터로만 구동된다. 약간 변칙적이기는 하지만 구동 방식으로만 보면 사륜 구동인 셈이다. 엔진은 레이싱에서 물려받은 608마력의 V형 8기통 4,593cc이며 앞 130마력, 뒤 156마력의 모터와 조합하면 출력 장치의 전체 출력이 887마력에 이른다.

918 스파이더는 이 정도의 출력을 발휘하면서 연비도 좋은 편으로 가장 좋은 연비 모드에서는 3리터로 100km를 주행할 수 있다. 또한 모터만으로도 시속 150km까지 속도를 낼 수 있고, 최장 30km 정도를 달릴 수 있다. 모드 전환을 통해 서킷 주행부터 연비 중시의 주행까지 가능한 신시대 슈퍼카인 셈이다.

앞모습
앞에서 보면 0011이나 박스터*와의 공통점을 볼 수 있는데, 말하자면 「포르쉐의 얼굴」을 하고 있다.

뒷모습
뒤에서 보면 엔진 위쪽으로 돌출되어 나온 배기구가 가장 눈에 띈다. 그리고 그 사이로 작은 리어 윈도우를 확인할 수 있다.

1

2

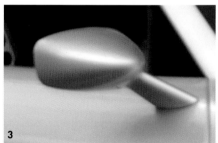
3

01 **헤드라이트** : LED를 사용한 헤드라이트는 내부의 4개 광원이 사각형으로 배치되어 있다. 헤드라이트 장치는 보디에 매립되어 공력 성능을 추구한 형태를 취하고 있다.

02 **주유구/충전구** : 차체 좌우에는 2개의 뚜껑이 달려 있다. 왼쪽이 주유구이고 오른쪽이 충전구이다.

03 **미러** : 간소한 디자인의 미러는 도어 패널에 고정되어 있다.

*박스터 : 포르쉐가 제조하는 2인승 스포츠카로 미드십에 엔진을 탑재하고 있다.

01 **프런트 에어 인테이크** : 전방에 공기를 흡입하는 에어 인테이크가 크게 설치되어 있다.

02 **사이드 에어 인테이크** : 문 뒤쪽으로 설치된 에어 인테이크는 공기를 출력 장치로 유도한다.

03 **디퓨저** : 정류효과를 높이는 카본제 리어 디퓨저가 차체 아래쪽에 장착되어 있다.

04 **테일 라이트** : LED를 사용한 테일 라이트 아래로 에어 아웃렛이 크게 설치되어 있다.

01 **엔진 후드** : 미드십에 엔진을 탑재하고 있으며, 후드에는 메시 부품*이 많이 사용되었다.

02 **배기구** : 2개가 빠져나온 배기구는 엔진 후드에서 위쪽을 향해 배기된다.

03 **엔진** : 4,593cc의 배기량을 갖는 V형 8기통 엔진은 608마력을 발휘한다.

04 **모터** : 모터는 앞뒤에 장착되어 있으며, 앞바퀴는 모터로만 구동한다.

스펙
SPECIFICATION

전장×전폭×전고 : 4,643×1,940×1,167mm

휠 베이스 : 2,730mm

엔진 : V형 8기통 4,593cc+모터

최고출력 : 608PS/8,700rpm+286PS

최대토크 : 540Nm/6,700rpm+210Nm+375Nm

미션 : 7단 듀얼 클러치

타이어 크기 : 앞 265/35 ZR20, 뒤 325/30 ZR21

0→100km/h 가속 : 2.6초

최고속도 : 345km/h

탑승인원 : 2명

*메시 부품 : 망 형태를 하고 있어서 공기 등이 잘 통하도록 만든 부품.

1

2

01 타이어 : 타이어는 앞이 265mm 폭의 20인치, 뒤가 325mm 폭의 21인치나 되는 광폭 타이어를 사용한다.
휠 지름을 크게 하면 브레이크 디스크도 큰 것을 장착할 수 있다.

02 브레이크 : 브레이크 디스크는 앞이 410mm, 뒤가 390mm의 지름이 큰 벤틸레이티드 세라믹 디스크*를 장착한다.
모터가 브레이크를 작동시켰을 때는 회생 브레이크**로 작용하여 제동력을 만들면서 동시에 전기도 만들 수 있다.

운전석

운전석은 포르쉐답게 기능성을 중시
해 심플하게 정리되어 있다. 곳곳에
보이는 센터 모노코크의 카본 재질이
마치 레이싱카를 연상케 한다.

* **벤틸레이티드 세라믹 디스크** : 내부로 바람을 통하게 하는 벤틸레이티드 구조로 만들어진 세라믹 소재의 브레이크 디스크.
** **회생 브레이크** : 브레이크를 작동시켰을 때 모터를 역회전시켜서 그 저항을 제동력으로 사용하며 동시에 발전을 일으킴으로써 충전을 하는 장치.

01 핸들 : 운전에 집중할 수 있도록 핸들에 스위치 종류를 배치했다. 가장 특징적인 것은 핸들에 장착된 맵 스위치*로서, 이 스위치를 회전시키면 4가지 운전모드를 선택할 수 있다.

02 센터 콘솔 : 센터 콘솔에는 인터넷을 사용한 정보 시스템 「포르쉐 커뮤니케이션 매니지먼트」의 컨트롤러와 라디오 제어 다이얼, 에어컨 제어 다이얼 등이 장착되어 있다.

03 시트 : 헤드 레스트까지 일체화된 버킷 시트이다.

04 도어 : 카본제 도어는 아주 가벼우며, 도어 패널 안쪽은 카본이 노출되어 있다.

*맵 스위치** : 엔진을 제어하는 컴퓨터의 맵을 전환함으로써 엔진의 특성을 바꾸기 위한 스위치.

PORSCHE
911 CARRERA

포르쉐
911 카레라

카레라는 스페인어로 「레이스」를 의미한다.

포르쉐의 전통적 모델

현재의 911은 7세대인 991형으로 불리며, 표준 카레라 계통의 모델은 3,000cc 트윈터보 엔진을 탑재하고 있다. 엔진 형식은 초대 모델부터 이어져 온 수평대향 6기통으로 차체의 뒤쪽에 엔진을 탑재한다. 엔진은 등급에 따라 최고 출력이 다른데, 911 카레라는 370마력, 카레라 S는 420마력, 카레라 GTS는 450마력을 발휘한다. 카레라는 일반적으로 뒷바퀴를 구동하는 RR(Rear Engine Rear Drive) 방식이지만, 카레라 4로 불리는 사륜구동 모델도 있다.

레이아웃

포르쉐 911은 1964년에 최초 모델이 발매된 이후 계속해서 리어 엔진, 리어 드라이빙(RR)이라고 하는 레이아웃을 고수해 왔다.

엔진

1964년 이후 계속해서 911은 수평대향 6기통 엔진을 탑재하고 있다. 현재 카레라 시리즈가 탑재하고 있는 것은 2,981cc의 트윈터보 엔진으로 기본 카레라용은 370 마력이다.

쿠페*

911 카레라의 기본형인 쿠페 보디는 강성이 높고 무게도 가장 가볍다. 한 눈에도 911임을 알 수 있는 개성적인 디자인은 초대부터 이어져 오고 있다.

카브리올레**

지붕이 완전히 열리는 타입의 오픈 모델이다. 지붕 개폐 시간이 13초밖에 안 될 정도로 매우 빠르고, 시속 50km 이하에서는 주행 중에도 개폐 조작이 가능하다.

타르가 톱

앞 시트 위쪽 지붕 부분만 개폐할 수 있는 보디로서, 「타르가4」라고 하는 사륜구동 모델만 라인업되어 있다.

운전석

심플한 스포츠카답게 간소한 내장에 전통적인 5개 미터를 장착하고 있다.

스펙
SPECIFICATION

전장×전폭×전고 : 4,499×1,808×1,294mm	미션 : 7단 매뉴얼/듀얼 클러치
휠 베이스 : 2,450mm	타이어 크기 : 앞 235/40 ZR19, 뒤 295/35 ZR19
엔진 : 수평대향 6기통 2,981cc 터보	0→100km/h 가속 : 4.6초(수동변속)
최고출력 : 370PS/6,500rpm	최고속도 : 295km/h(수동변속)
최대토크 : 450Nm/-rpm	탑승인원 : 4명

---

*쿠페 : 지붕이 있는 스포츠 타입의 보디 형태.

**카브리올레 : 프랑스어로 오픈카라는 의미. 원래는 접이식 지붕을 가진 마차를 가리키는 말이었다.

911 스페셜 모델

포르쉐 911 스페셜 모델은 포르쉐 팬의 마음을 강렬하게 사로잡고 있다. 대부분의 스페셜 모델은 바로 완판 될 정도로 손에 넣기가 어려운데 애초부터 생산 대수가 적고 차체가 귀하기 때문에 중고 911의 경우는 오래될수록 값이 올라간다. 포르쉐의 스페셜 모델 대부분은 주행 성능이 강화되어서, 대표주자라고 할 수 있는 911 GT3 RS는 520마력을 발휘하는 엔진을 전용 차체에 탑재하고 있다. 이 GT3 RS는 뉘르부르크링 북쪽 코스에서 918보다 빠른 6분 56초 4를 기록한 바 있다.

911 GT3 RS

520마력을 발휘하는 자연흡기 3,966cc의 수평대향 6기통 엔진을 서킷 주행용으로 튜닝*한 섀시에 탑재하고 있다. 일반도로를 달릴 수 있는 레이싱 포르쉐이다.

*튜닝 : 튜닝이란 원래 악기를 조율해 음정을 맞춘다는 의미이지만, 차의 경우에는 엔진이나 차체를 조정해 성능을 더욱 높이는 것을 의미한다.

911T

911 카레라를 바탕으로 경량화와 섀시 세팅으로 스포츠성을 높인 모델이다. 경량 유리를 적용하거나 뒷좌석은 옵션으로 돌려 약 20kg이 가벼워졌으며, 섀시도 전용으로 세팅되어 차고가 20mm 낮아졌다.

911R

1967년 모델에 설정된 초대 911R은 레이스용 전문 장비를 빼낸 경량 모델이었다. 991형을 바탕으로 현대적으로 부활시킨 911R은 GT3 RS로부터 물려받은 섀시와 엔진을 사용하며, 프런트 후드와 펜더는 카본 파이버 강화 플라스틱, 지붕은 마그네슘*, 그리고 후방 측면유리를 폴리카보네이트 소재로 바꾸어 경량화 하였다. 외관에 들어가는 두 줄의 스트라이프도 초대 모델에서 이어받은 디자인이다.

911 GT3 투어링 패키지

911 GT3는 고정식 대형 리어 윙을 장착하고 있지만, 이 투어링 패키지는 GT3의 성능을 유지하면서도 리어 윙 대신에 911 카레라와 마찬가지로 가변 리어 스포일러를 갖추고 있다. 내장도 가죽으로 마무리하고 있어서 911의 전통적인 스타일은 그대로이면서 GT3의 성능을 즐길 수 있는 사양이다.

911 GT3 RS의 운전석

GT3 RS의 변속기는 PDK(Porsche Doppel Kupplung, 포르쉐 더블 클러치)** 라고 불리는 수동 조작이 가능한 자동변속기이다. 이 선택은 서킷 주행에서도 PDK 쪽이 수동보다 빨리 달릴 수 있다는 포르쉐의 의지를 표현한 것이라고 할 수 있다.

*마그네슘 : 금속의 일종. 다른 금속보다 가벼워서 차체 중량을 줄이기 위해 사용한다.
**PDK : 포르쉐 더블 클러치의 약어로 듀얼 클러치 타입의 2페달 변속기이다.

PORSCHE
911 TURBO

포르쉐

911 터보 터보차저를 장착했다는 의미

엔진

911 터보의 수평대향 6기통 엔진은 카레라보다 배기량이 큰 3,800cc 트윈 터보로서 540마력을 발휘한다. 터보 S는 여기에 튜닝까지 거쳐 580마력으로 출력이 향상되었다.

양산되는 911 가운데 최고봉 모델

포르쉐 911의 고성능 모델인 911 터보는 3,800cc의 수평대향 6기통 엔진에 터보를 장착하여 터보 사양이 540마력, 터보 S 사양이 580마력을 발휘한다. 보디는 쿠페와 카브리올레 2가지로, 911 카레라 시리즈보다도 넓어진 보디와 전용의 공력 부품을 장착하고 있다. 또한 구동 방식은 모든 모델이 4륜구동을 적용하여 엔진이 만들어내는 출력을 효율적으로 지면에 전달한다. 가장 기본형인 터보 쿠페 보디는 3초 만에 시속 100km까지 가속하며, 최고속도는 시속 320km이다.

스타일링

911 카레라 보디를 기본으로 하고는 있지만 펜더 부분이 크게 넓어졌다. 펜더가 넓어지면서 더 넓은 광폭 타이어를 장착할 수 있게 되었고, 넓어진 차폭과 더불어 안정성이 향상되었다. 후방 펜더에는 에어 인테이크를 크게 설치하여 엔진 쪽으로 더 많은 공기를 유도하고 있다. 앞뒤 공력 부품도 전용 으로 만들어 장착하고 있으며, 특히 눈에 띄는 리어 윙은 터보 모델임을 알려주는 증거이다.

포르쉐의 최신 기술을 투입

911 터보에는 항상 포르쉐의 최첨단 기술이 투입되고 있다. 4륜구동 시스템에는 전자제어 되는 포르쉐 트랙션 매니지먼트 시스템*을 적용하여 주행상태에 맞춰 각 타이어에 최적의 구동력을 분배할 수 있다. 터보 전용으로 디자인된 프런트 스포일러와 리어 윙은 필요에 따라 3단계로 바뀌는 액티브 에어로 다이내믹스 시스템**을 적용하고 있다. 뛰어난 실용성에 수평대향 엔진이나 리어 엔진이라고 하는 포르쉐의 전통을 지키면서도 세계 최고의 클래스를 유지하는 슈퍼카가 포르쉐 911 터보인 것이다.

프런트 스포일러

프런트 스포일러는 시속 120km에서 스피드 모드가 작동하면서 양 끝부분이 내려온다. 퍼포먼스 모드에서는 가운데 부분까지 완전히 내려와 더 강력한 다운포스를 끌어낸다.

리어 윙

스피드 모드에서는 리어 윙이 30mm 상승하고, 퍼포먼스 모드에서는 80mm 상승하여 전방으로 7도가 기운다. 퍼포먼스 모드에서는 완전히 내려온 프런트 스포일러와 함께, 시속 300km일 때 132kg의 다운포스를 끌어낸다.

***트랙션 매니지먼트 시스템** : 타이어에 걸리는 출력을 전자적으로 제어하여 최적화하는 장치이다.
****에어로 다이내믹스 시스템** : 속도에 맞추어 공력 부품의 형태를 변화시킴으로써 최적의 다운포스를 이끌어내는 장치이다.

운전석

포르쉐 911 터보의 운전석은 현재의 일반적인 자동차 운전석과 비슷하다. 미터 종류는 바늘로 움직이는 아날로그 방식으로 911의 전통인 5개 세트 타입이다. 변속은 핸들 쪽에 장착된 패들로 조작할 수 있지만 센터 콘솔에도 기본적인 변속 레버*가 장착되어 있다. 화려한 맛은 없지만 자동차로서의 사용 편리성을 추구했다.

911 터보 S

580마력까지 엔진 출력을 끌어올린 터보 S는 시속 100km까지 2.9초에 도달하며, 최고속도는 330km를 자랑하는 911시리즈의 최상위 모델이다.

카브리올레

911 터보, 터보 S와 함께 오픈 보디인 카브리올레를 라인업하고 있다. 지붕이 없는 만큼 차체의 보강이 필요하여 무게가 100kg 정도 무거워지기는 했지만 동력성능은 쿠페와 거의 차이가 없다.

스펙
SPECIFICATION

전장×전폭×전고 : 4,507×1,880×1,297mm

휠 베이스 : 2,450mm

엔진 : 수평대향 6기통 3,800cc 터보

최고출력 : 540PS/6,400rpm

최대토크 : 710Nm/3,000rpm

미션 : 7단 듀얼 클러치

타이어 크기 : 앞 245/35 ZR20, 뒤 305/30 ZR20

0→100km/h 가속 : 3.0초

최고속도 : 320km/h

탑승인원 : 4명

*변속 레버 : 기어의 단을 바꾸기 위한 레버로서 센터 콘솔에 장착되어 있다.

BUGATTI
부가티

이탈리아 출신의 에토레 부가티가 1901년에 프랑스의 알자스 지방에서 설립한 자동차 제조업체가 부가티 회사의 기원이다. 고급 자동차를 제조하고 다양한 레이스에서 활약 했지만 에토레 사후에 다른 회사로 흡수되는 형태로 자동차 제조를 멈추게 된다. 그 후 1987년에 부가티사의 이름이 다시 한 번 부활하지만 몇 년 만에 도산하게 되고, 현재의 부가티는 폭스바겐 그룹이 프랑스에 설립한 부가티 오토모빌 회사에 의해 제조 판매되고 있다.

CHIRON SPORT

부가티
시론 스포츠

탑재한 엔진 1기통 당 배기량이 488cc라는 것을 의미한다.

부가티 시론은 최고출력 1,500마력에 최고속도 시속 420km나 되는 공전의 성능을 발휘하는 슈퍼카이다. 카본제 모노코크의 섀시에 4륜구동 방식이다. 이 시론 스포츠는 2018년에 발매된 시론의 경량 사양으로, 시론보다 약 18kg 이 가벼워진 차체는 더 뛰어난 성능을 발휘할 수 있다. 섀시, 엔진 등의 부품은 각각의 공장에서 만들어진 다음에 「아틀리에」라고 하는 부가티 공장으로 옮겨져 엔지니어의 손에 의해 조립된다. 가격은 265만 유로, 약 34억 원 정도이다.

1,500마력의 출력과 420km의 속도를 뿜어내는 괴물

스타일링

부가티의 예전 자동차에는 프런트 그릴 등에 「호스 슈」, 즉 말의 편자 형상을 디자인화한 라디에이터가 장착되어 있었다. 이 시론의 프런트 그릴 등 각 부위에도 호스 슈 디자인을 집어넣었다. 눈길을 끄는 「C라인」의 에어 인테 이크는 명차 「타입 57SC 애틀랜틱」을 모티브로 하고 있다.

경이로운 출력을 발휘하는 W형 엔진

미드십에 탑재된 부가티 시론의 엔진은 배기량 7,993cc의 W형 16기통으로 4개의 터보를 조합하여 1,500마력이라는 출력을 발휘한다. 이 엔진은 전용 공장에서 조립되는데 엔진만 해도 몇 억 원이나 나간다. 시론 스포츠는 경량화를 위해 각 부위에 카본제 부품을 사용하거나 후방 유리에 경량 유리를 사용하고 있다. 그 가운데서도 기존보다 70%나 가벼운 카본제 와이퍼를 세계 최초로 사용하고 있다.

엔진
현재 폭스바겐 그룹만 제조하고 있는 W형 16기통이라는 진귀한 레이아웃의 엔진은 최고출력 1,500마력을 6,700rpm에서 발휘하고, 최대토크 1,600Nm를 2,000〜6,000rpm에서 발휘한다. 변속기는 7단 더블 클러치 타입 · 자동변속기를 조합하고 있다.

프런트 그릴
호스 슈를 모티브로 한 프런트 그릴에는 부가티의 엠블럼 아래로 「16」이라는 숫자가 크게 들어가 있다. 이 숫자는 엔진의 기통수를 나타낸다.

휠/브레이크
시론의 휠 크기는 20인치이다. 앞쪽에는 8포트의 브레이크 캘리퍼가, 뒤쪽에는 6포트의 브레이크 캘리퍼가 장착된다.

뒷모습
중앙에 4개의 굵은 머플러 테일이 나와 있고, 그 옆으로는 대형 디퓨저가 장착되어 있다.

와이퍼

세계 최초로 카본 파이버로 만들어진 와이퍼는 가벼우며 고강도를 자랑한다. 이
처럼 경량화를 위해 세부적인 곳까지 심혈을 기울인 시론 스포츠는 베이스인 시
론보다 18kg이 가볍다.

테일 라이트

LED를 사용한 테일 라이트는 보기만 해도 아름답다는 느낌을 받는다. 테일 라이
트를 가늘게 디자인함으로써 후방에 설치된 에어 아웃렛을 크게 할 수 있었다.

세계 최고 수준의 가속과 제동

시론 스포츠 각 부위에는 자동차에 사용되는 최첨단 기술을 적용하고 있다. 대부분의 자동차 제어는 최신 전자제어 기술을 이용하는데, 시론의 전자제어 기술은 시속 420km의 차를 운전하는 운전자를 지원하는 역할을 한다. 시론은 2017년에 정지한 상태에서 시속 400km까지 가속했다가 완전히 정지할 때까지 41.96초라는 세계 기록을 수립한 적도 있다. 이것은 가속과 제동 양쪽에서 세계 최고 수준의 성능을 갖고 있다는 사실을 의미한다. 시론이 그냥 빠르기만 한 차가 아니라 전체적인 성능이 뛰어난 차라는 것을 증명하는 하나의 증거라고 할 수 있다.

앞모습
헤드라이트는 LED를 사용해 사각형으로 4개가 배치된 특징적인 디자인을 하고 있다. 시론의 전폭은 2,038mm로 상당히 넓은 편이며 4륜구동 시스템과 더불어 고속에서 뛰어난 안정성을 유지한다.

운전석
시론의 운전석은 차체 색에 맞춰 기본 구성을 흑색과 적색으로 구성하였지만 기호에 맞춰서 따로 주문도 가능하다. 스위치나 다이얼 같은 조작 장치는 사용 편리성을 중시해 배치되어 있다.

핸들/미터

핸들 센터는 호스 슈(말 편자) 형상을 하고 있으며, 주행 중에 조작해야 하는 경우가 많은 스위치들은 핸들에 위치되어 있다. 미터는 센터에 아날로그 스피드 미터를 배치했지만 좌우에는 디지털 미터로 되어 있다.

주행 모드 전환

핸들 좌측 아래에 장착된 스위치로 주행 환경에 따라 리프트 모드, EB 모드, 아우토반 모드, 핸들링 모드로 전환할 수 있다.

센터 콘솔

카본제 센터 콘솔 옆으로 시론 스포츠의 로고가 박혀 있다.

「EB」로고

사이드 실 등에 들어간 「EB」라는 디자인 로고는 창업자 「에토레 부가티」의 이름에서 따온 것이다.

스펙
SPECIFICATION

전장×전폭×전고 : 4,544×2,038×1,212mm

휠 베이스 : -mm

엔진 : W형 16기통 7,993cc

최고출력 : 1,500PS/6,700rpm

최대토크 : 1,600Nm/2,000~6,000rpm

미션 : 7단 듀얼 클러치

타이어 크기 : 앞 285/30 ZR20, 뒤 285/30 ZR20

0→100km/h 가속 : 2.5초

최고속도 : 420km/h

탑승인원 : 4명

뒷모습

대형 리어 윙은 상황에 맞춰 각도를 바꿔서 다운포스를 조정한다. 또 브레이킹 때는 떠올라서 에어 브레이크로서도 기능한다.

Mclaren
맥라렌

F1의 명문 레이싱 팀인 맥라렌의 시판차 부문으로 설립된 맥라렌 카즈(Cars)가 2009년에 현재의 맥라렌 오토모티브가 되었다. 최초로 제작한 시판차 「F1」이후, 일반적인 차는 만들지 않고 F1에서 축적한 기술력을 이용하여 그대로 레이스에 나올 수 있을 정도의 성능을 가진 슈퍼카만 제조하고 있다. 또한 그 시판차를 바탕으로 한 레이싱 카도 제작하고 있으며, 레이싱 활동도 펼치고 있다.

Mclaren Senna

맥라렌

세나 맥라렌의 F1 머신을 몰았던 전설의 레이서, 아일톤 세나에서 따왔다.

전설의 드라이버 이름에서 따온 로드 카

이 차의 이름인 「세나」는 예전에 맥라렌 F1을 운전했던 전설의 천재 F1 드라이버, 「아일톤 세나」의 이름에서 따온 것이다. 그는 레이스 도 중 불의의 사고로 사망했지만 그 이름은 지금도 많은 사람의 입에서 회자되고 있다. 이 세나의 콘셉트는 「서킷 사양을 옮겨놓은 맥라렌 로 드 카」로서 일상생활에서의 사용 편리성을 추구하기보다는 운전자와 차와의 연결성을 가장 중시해서 만들었다.

로드 카라고는 하지만 맥라렌은 이 차를 레이싱 카로 제작하고 있다 고 밝혔기 때문에 그야말로 「레이싱 카에 번호판만 붙인 차」라고 할 수 있다. 모든 면에서 서킷 사양의 성능을 추구한 각 부분은 타협을 거부했으며, 맥라렌 사상 가장 힘이 넘치는 V형 8기통 엔진은 800마 력이라는 최고출력을 자랑한다.

F1에서 물려받은 기술로 차체를 제작

세나의 카본 모노코크 섀시는 로 드 카용 섀시 가운데 가장 최강 의 모노코크이다. 이 섀시에 장 착되는 출력 장치도 최고출력 800마력, 최대토크 800Nm나 되 는 맥라렌 로드 카 사상 최강의 성능이다.

보디나 공력 부품도 대부분이 카 본으로 만들어져 무게가 소형자 동차 정도인 1,198kg 밖에 나가 지 않는다. 이런 사양들을 바탕 으로 정지 상태에서 시속 100km 까지 2.8초에, 200km까지는 4.8 초에 그리고 300km까지는 17.5 초에 주파하는 성능을 발휘한다. 현시점에서 맥라렌이 가진 기술 과 노하우를 전부 쏟아 부은 최 강의 슈퍼카 가운데 하나라고 할 수 있다.

01 헤드라이트/에어 덕트 : LED를 사용한 헤드라이트는 비교적 작게 만들어져 라디에이터로 주행풍을 유도하 는 전방 에어 덕트 디자인과 조화를 이루고 있다.

02 타이어/브레이크 : 타이어는 전용으로 개발된 피렐리 제품으로 앞이 245mm에 폭 19인치, 뒤가 315mm에 폭 20인치를 사용한다. 브레이크는 차세대 제품인 카본 세라믹 디스크와 모노블록 6포트 브레이크 캘리퍼를 조합하여 시속 200km에서 100m 정도에 정지할 수 있 는 성능을 발휘한다.

01 L배기관 : 대형 윙 아래로 위쪽으로 비스듬하게 나온 배기관 3개를 볼 수 있다.

02 핸들/미터 : 레이싱 카를 연상시키는 지름이 작은 D형 핸들을 적용했다. 핸들에는 스위치가 전혀 달려 있지 않다.

디지털로 표시되는 미터는 운전에 집중할 수 있도록 운전에 필요한 정보를 보기 쉽게 표시하고 있다.

03 시트 : 경량 카본제 버킷 시트는 서킷 주행에서도 운전자의 몸을 확실히 잡아준다.

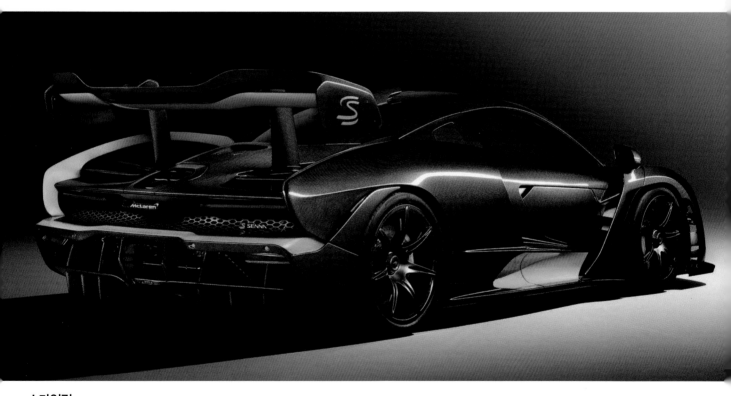

스타일링

세나의 보디 디자인은 군더더기를 철저하게 없애고 최소한으로 필요한 것만 넣어 완성되었다. 모든 보디 부품은 기능을 우선시하고 있어서 서킷을 주행하기에 충분한 다운포스를 만들어낼 뿐만 아니라, 충분한 공기를 받아들일 수 있게 디자인되었다.

스펙
SPECIFICATION

전장×전폭×전고 : 4,744×1,958×1,229mm

휠 베이스 : 2,670mm

엔진 : V형 8기통 3,999cc

최고출력 : 800PS/7,250rpm

최대토크 : 800Nm/5,500~6,700rpm

미션 : 7단 듀얼 클러치

타이어 크기 : 앞 245/35 R19, 뒤 315/30 R20

0→100km/h 가속 : 2.8초

최고속도 : 340km/h

탑승인원 : 2명

Mclaren Senna GTR

맥라렌 세나 GTR

최고속 서킷 사양

원래 서킷 주행에 주안점을 두고 만들어진 세나, 이 세나를 바탕으로 완전한 레이싱 카로 탄생시킨 것이 세나 GTR이다. 엔진 최고출력을 825마력까지 끌어올렸으며, 대형화된 공력 부품은 최대 1,000kg의 다운포스를 만들어낸다. 여기서 소개하는 세나 GTR은 콘셉트 모델이지만 거의 비슷한 사양의 양산 차량이 2018년 한정판 75대가 제작되었다. 가격은 약 100만 파운드(약 14억 5천만 원)이다.

앞모습
로드 카인 세나보다 전후 · 좌우의 공력 부품이 대형화된 만큼 차체가 한 단계 커졌다. 에어 인테이크도 대형화되면서 더 많은 공기를 받아들인다.

전방 공력 부품

앞쪽으로 크게 펼쳐진 프런트 스플리터는 액티브 프런트 에어로 블레이드와 연계하여 전방의 공력성능을 크게 향상시킨다. 스플리터에 새겨진 「GTR」이란 차 이름은 레이스 전용 모델을 부르는 명칭이다.

타이어/휠/서스펜션

타이어는 피렐리 제품의 슬릭 타이어를 장착한다. 휠은 레이스를 전제로 한 센터록 타입이다. 서스펜션도 전용의 제품을 장착해 차고가 매우 낮게 세팅되어 있다.

뒷모습

차체에서 돌출된 형태로 장착된 리어 디퓨저는 다운포스 향상에 크게 이바지한다. 보디의 가로 폭이 확대된 만큼 트레드도 넓어져 차체의 안정성을 향상시킨다.

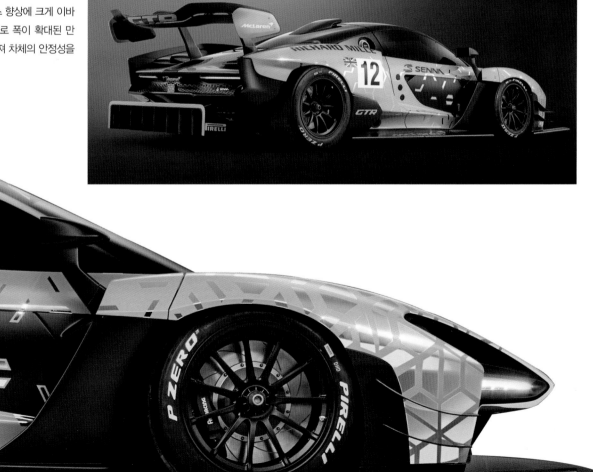

맥라렌

720S 720마력의 엔진 최고출력을 의미한다.

최신기술을 탑재한 슈퍼카

맥라렌 가운데 「슈퍼 시리즈」에 해당되는 720S 는 일상적인 사용 편리성과 슈퍼카의 주행 성능 을 양립시킨 맥라렌의 감각으로 가득한 자동차 이다. 맥라렌 다움을 유지하면서도 새로운 이미 지를 적용한 디자인은 백상아리에서 영감을 얻 은 것이다.

아름다움과 공력 성능을 최대로 추구한 차체는 물론이고, 비스듬하게 위쪽으로 열리는 특징적 인 「상반각 문(Dihedral Door)」도 슈퍼카 다움 을 연출하는 아이템이다. 미드십에 장착하는 엔 진은 V형 8기통 트윈터보로서 모델 이름에서 눈치 챘듯이 720마력의 최고출력에 최고속도 341km/h를 발휘한다.

섀시

720마력을 받아들이는 섀시는 P1에서
물려받은 지붕 부분까지 일체화된 카
본 모노코크의「모노 케이지 II」이다.

엔진

최고출력 720마력, 최대토크 770Nm를 발휘하는 V
형 8기통 트윈터보 엔진임에도 불구하고 연비가 좋
고 배출가스도 깨끗하게 배출된다. 속도뿐만 아니
라 환경에도 친화적인 신세대 출력 장치이다.

도어

다이힐드럴 도어라고 불리는 비스듬하게 위로 열리는 도어는 맥라렌 로드 카의 특징이라고 할 수 있다.

라이트

LED를 사용하여 작아진 헤드라이트는 에어 덕트와 세트로 디자인되었다. 이 덕트를 통해 들어가는 공기는 라디에이터를 냉각한다.

윙/테일 라이트

보디 뒤쪽이 밑에서 위로 올라가면서 윙이 된다. 테일 라이트는 LED를 사용하여 차체의 디자인에 맞춰서 아주 가늘게 디자인되어 있다.

타이어/브레이크

타이어는 앞이 19인치, 뒤가 20인치이다. 브레이크에는 카본 세라믹 디스크가 표준으로 장착된다.

01 **운전석** : 시트나 대시 보드에는 양질의 가죽을 사용하며, 내장은 차분한 분위기로 마무리되었다. 센터 콘솔에는 스위치들과 대형 디스플레이가 장착되어 있다.

02 **미터** : 운전자 앞쪽에 위치한 디지털 방식 미터에는 속도나 엔진 회전수, 기어 위치 같이 운전에 필요한 정보만 표시된다.

03 **시트** : 시트는 등받이가 젖혀지는 버킷 시트가 장착되어 있다.

스펙
SPECIFICATION

전장×전폭×전고 : 4,543×1,930×1,196mm

휠 베이스 : 2,670mm

엔진 : V형 8기통 3,994cc 터보

최고출력 : 720PS/8,000rpm

최대토크 : 770Nm/5,500rpm

미션 : 7단 듀얼 클러치

타이어 크기 : 앞 245/35 R19, 뒤 305/30 R20

0→100km/h 가속 : 2.9초

최고속도 : 341km/h

탑승인원 : 2명

뒷모습

뒤에서 본 720S는 가운데서 돌출된 2개의 배기구, 에어 아웃렛과 일체로 디자인된 테일 라이트, 차체 아래쪽의 디퓨저 등 다양한 요소가 적절하게 조화를 이루고 있다.

P1

맥라렌

P1
「1번」이라는 의미의 「포지션1」이 어원이다.

F1에서 물려받은 하이브리드 장치를 탑재

차 이름에 있는 「P1」의 「P」는 「POSITION」의 「P」로서, 「POSITION 1」 즉 「1번」이라는 의미이다. 최고출력 916마력의 하이브리드 출력 장치를 장착한 섀시의 중추를 담당하는 것은 지붕까지 일체로 된 카본제 모노 케이지(Mono Cage)이다.

서스펜션에는 RCC(Race active Chassis Control)로 불리는 제어 시스템이 적용되어 있어서 주행상황에 맞춰 스프링과 댐퍼를 조정한다. 레이스 모드에서는 차고가 50mm 낮아지면서 스프링이 딱딱해진다.

스타일링

최초의 로드 카인 「F1」디자인을 모티브로 하고 있다. 공력 부품은 필요에 따라 바뀌는 액티브 에어로 다이내믹스를 적용하고 있어서 레이스 모드에서 600kg의 다운포스를 만들어낸다.

01 **앞모습** : 맥라렌 로드 카의 전통에 맞게 P1에도 다이힐드럴 도어가 적용되었다. 에어 덕트 형상에 맞춰 디자인된 헤드라이트는 상당히 복잡한 형상을 하고 있다.

02 **뒷모습** : 강력한 다운포스를 만드는 대형 윙은 필요 없을 때는 차체에 완전히 수납된다. 또한 각도를 바꿔가면서 발생되는 다운포스 양을 조정한다.

스펙
SPECIFICATION

전장×전폭×전고 : 4,588×1,946×1,188mm

휠 베이스 : 2,670mm

엔진 : V형 8기통 3,799cc 터보

최고출력 : 737PS/7,500rpm+179PS

최대토크 : 720Nm/4,000rpm+260Nm

미션 : 7단 듀얼 클러치

타이어 크기 : 앞 245/30 R20, 뒤 305/30 R20

0→100km/h 가속 : 3초 이하

최고속도 : 350km/h

탑승인원 : 2명

동력 시스템

미드십에 탑재된 737마력의 V형 8기통 트윈터보 엔진과 179마력의 전동 모터를 조합한 하이브리드 출력 장치는 시스템 전체에서 916마력이라는 최고출력을 발휘한다.

650S

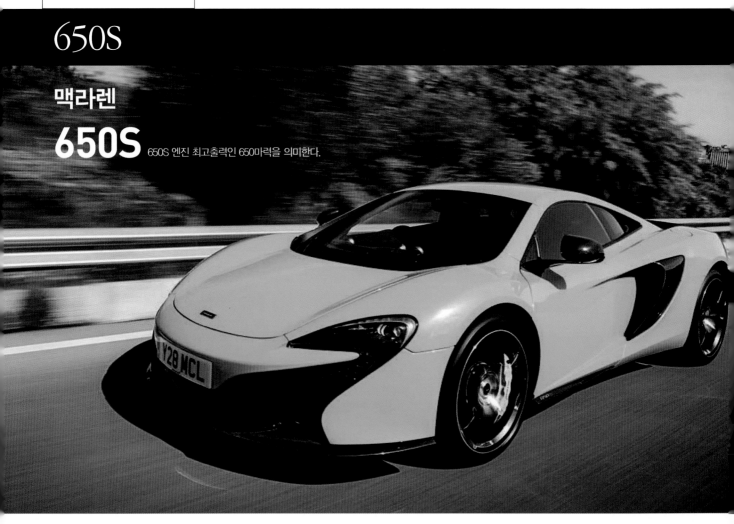

맥라렌
650S
650S 엔진 최고출력인 650마력을 의미한다.

일반 도로부터 서킷까지 고품질 주행을 제공

맥라렌 650S는 2017년까지 제조되었던 슈퍼시리즈 차량으로 720S 모델로 변경이 되면서 생산이 중단되었다. 650마력의 최고 출력을 발휘하는 V형 8기통 엔진을 카본 파이버 모노 셀을 축으로 한 섀시에 탑재했으며 시속 100km까지 3초에, 200km까지 8.4초에 도달한다. 최고 속도는 시속 330km이다. 카본 세라믹 디스크를 사용한 브레이크는 시속 100km로 달리는 차체를 30.5m만에 완전히 정지시킬 만큼의 성능을 갖고 있다.

디자인

특징적인 라이트 주변의 디자인은 기능성을 중시하면서도 슈퍼카다운 맥라렌의 멋이 넘쳐난다. 비스듬하게 위로 열리는 다이힐드럴 도어도 슈퍼카다운 연출을 보여준다.

섀시

카본 파이버 모노 셀을 축으로 해서 앞뒤로 금속제 프레임을 접합하여 엔진이나 서스펜션을 장착한다. 프로 액티브 섀시 컨트롤이라고 하는 서스펜션 시스템을 적용하여 일반도로부터 서킷까지 최적의 세팅이 가능하다.

01 헤드라이트 : 에어 덕트에서 이어지는 라인을 따라 디자인된 헤드라이트가 개성적인 표정을 연출한다.

02 센에어 브레이크 : 브레이크를 강하게 밟으면 차체 후방의 에어 브레이크가 작동된다. 또한 이 에어 브레이크를 부분적으로 작동시킴으로써 다운포스를 20% 늘리는 리어 윙으로 기능하게 할 수도 있다.

03 사이드 스포일러 : 카본제 사이드 스포일러에는 입체 엠블럼으로 650S가 붙어 있다.

04 브레이크 : 카본 세라믹 디스크에 6포트 브레이크 캘리퍼를 조합한 강력하고 제어성능이 뛰어난 브레이크를 장착하고 있다.

스펙
SPECIFICATION

전장×전폭×전고 : −	미션 : 7단 듀얼 클러치
휠 베이스 : −	타이어 크기 : 앞 235/35 R19, 뒤 305/30 R20
엔진 : V형 8기통 3,799cc	0→100km/h 가속 : 3.0초
최고출력 : 650PS/7,250rpm	최고속도 : 333km/h
최대토크 : 678Nm(61.2kgm)/6,000rpm	탑승인원 : 2명

Mclaren 650S SPIDER

맥라렌 650S 스파이더

17초 만에 오픈카로 변신

전동으로 개폐할 수 있는 지붕을 갖추고 오픈 상태에서 드라이브를 즐길 수 있는 650S의 오픈 모델이다. 엔진은 쿠페와 동일하게 650마력을 발휘하며, 무게 증가도 최소한으로 억제했기 때문에 쿠페와 비교해도 손색없는 성능을 자랑한다.

스펙 SPECIFICATION

엔진 : V형 8기통 3,799cc	미션 : 7단 듀얼 클러치
최고출력 : 650PS/7,250rpm	0→100km/h 가속 : 3.0초
최대토크 : 678Nm/6,000rpm	최고속도 : 329km/h

지붕 전동으로 수납되는 지붕은 「리트랙터블 하드 톱(Retractable Hardtop)」으로 불린다. 약 17초 만에 개폐가 가능하다. 지붕은 접힌 상태에서 시트 뒤쪽에 있는 커버 안으로 수납된다. 섀시는 쿠페와 마찬가지로 카본 파이버 모노셀을 사용하기 때문에 차체 강성은 충분히 확보되어 있다.

Mclaren 570S

맥라렌 570S

맥라렌 로드 카의 기본형

맥라렌의 로드 카 중 기본형으로 자리매김한 「슈퍼시리즈」에 들어가는 570S. P1이나 세나 등과 비교하면 스펙이 약간 낮아 보이지만 그래도 최고 출력 570마력에 최고 속도는 시속 328km나 된다.

스펙 SPECIFICATION

엔진 : V형 8기통 3,799cc	미션 : 7단 듀얼 클러치
최고출력 : 570PS/7,500rpm	0→100km/h 가속 : 2.9초
최대토크 : 600Nm/5,000~6,500rpm	최고속도 : 328km/h

Mclaren 570 GT

맥라렌 570 GT

실용성이 뛰어난 투어링 모델

슈퍼카 570S를 바탕으로 하여 실용성을 더욱 높인 모델이다. 투어링 데크라고 부르는 화물 공간을 운전석 뒤쪽에 배치하였다. 뒷 유리가 가로 방향으로 열리는 해치를 하고 있어서 차체 바깥에서도 투어링 데크를 사용할 수 있다. 서스펜션 등 각 부분도 승차감을 중시하고 있다.

스펙 SPECIFICATION

엔진 : V형 8기통 3,799cc	미션 : 7단 듀얼 클러치
최고출력 : 570PS/7,500rpm	0→100km/h 가속 : 3.3초
최대토크 : 600Nm/5,000~6,500rpm	최고속도 : 328km/h

01 리어 해치 : 리어 해치는 옆으로 열리기 때문에 투어링 데크를 사용할 수 있다. 힌지는 핸들 쪽에 있다.

02 운전석 : 내장은 레이스 느낌을 없애고 고급스러움을 느끼게 하는 가죽으로 마무리되었다.

Mclaren 570S SPIDER

맥라렌 570S 스파이더

쿠페와 오픈 양쪽을 즐길 수 있는 슈퍼카

570S에 개폐식 지붕, 리트랙터블(격납식) 하드 톱 형태의 오픈 모델이다. 시속 40km 이하에서는 주행 중에도 지붕의 개폐가 가능하며, 약 15초에 지붕을 운전석 뒤쪽 공간으로 수납할 수 있다. 이 공간은 지붕을 닫은 상태에서는 트렁크로도 사용할 수 있어서 쿠페보다 많은 짐이 실린다.

스펙 SPECIFICATION

엔진 : V형 8기통 3,799cc	미션 : 7단 듀얼 클러치
최고출력 : 570PS/7,500rpm	0→100km/h 가속 : 3.3초
최대토크 : 600Nm/5,000~6,500rpm	최고속도 : 328km/h

///AMG Mercedes-AMG

메르세데스 AMG

원래는 메르세데스 벤츠 자동차로 레이스를 하는 레이싱 컨스트럭터*였지만, 조금씩 본사와의 거리를 좁혀가다가 1999년에 완전히 메르세데스 벤츠의 한 부문이 되었다. 현재는 메르세데스 벤츠 자동차에 AMG 오리지널 고성능 장치를 탑재한 모델을 내놓는 동시에 DTM**이나 F1 등의 레이스에도 AMG 이름으로 참전하고 있다.

Mercedes-AMG GT

메르세데스 AMG

GT 그란 투리스모(Grand Turismo)의 약칭으로 장거리를 쾌적하게 이동할 수 있는 타입의 자동차를 가리킨다.

전통적 스타일에 AMG의 기술을 접목

메르세데스 벤츠의 고성능 모델을 제조하는 메르세데스 AMG가 오리지널 스포츠 모델로 개발한 것이 이 GT이다. 롱(Long) & 로(Low) 그리고 롱 노즈 · 숏 데크라는 스포츠카의 기본에 충실한 스타일은 메르세데스의 스포츠 모델이 갖고 있는 전통이기도 하다.

엔진은 전용으로 개발된 V형 8기통 직접분사 트윈 터보 엔진으로 앞차축보다 뒤쪽에 엔진을 장착하는 프런트 미드십의 FR 레이아웃을 적용하여 뛰어난 주행 성능을 발휘한다.

또한 속도 등과 같은 다양한 데이터로부터 운전 상황을 판단하여 최적의 뒷바퀴 조향량을 계산한다. 이 계산은 앞바퀴의 조향과 연동되어 뒷바퀴도 조향하는 AMG 리어 액슬 스티어링을 통해, 커브 길에서의 회두성(回頭性)을 높이며 주차 등의 상황에서도 움직임을 향상시킨다.

스펙
SPECIFICATION

전장×전폭×전고 : 4,545×1,940×1,290mm	미션 : 7단 듀얼 클러치
휠 베이스 : 2,630mm	타이어 크기 : 앞 255/35 R19, 뒤 295/35 R19
엔진 : V형 8기통 3,982cc	0→100km/h 가속 : 4.0초
최고출력 : 476PS(350kW)/6,000rpm	최고속도 : –
최대토크 : 630Nm(64.2kgm)/1,700~5,000rpm	탑승인원 : 2명

*레이싱 컨스트럭터 : 레이싱 카를 제조하는 팀이나 회사.
**DTM : 독일 투어링 카 선수권의 약칭으로 독일 국내에서 펼쳐지는 시판 차량을 개조하여 펼치는 카 레이스.

스타일링

FR 스포츠카의 기본형이라고 할 수 있는, 롱 노즈 · 숏 데크
스타일을 현대풍으로 아름답게 담아냈다.

엔진

AMG M178형으로 불리는 V형 8기통 엔진은 차종마다 튜닝을 다르게 한다.
표준형 GT같은 경우는 476마력, GT S는 522마력, GT C는 577마력을 발휘
한다. 엔진이 앞 차축보다 뒤쪽에 탑재되기 때문에 프런트 미드십이라 할
수 있다.

트랜스미션

트랜스미션은 프로펠러 샤프트를 매개로 뒤쪽에 배치하는 트랜스액슬 레이
아웃을 적용하고 있다.

운전석

AMG GT 전용으로 디자인된 운전석의 센터 콘솔에는 8개의 스위치를 V형태로 배치한 「V 레이아웃」을 적용하였다. 콘솔에 배치된 스위치는 엔진 시동 누름 버튼, 3단계 ESP(Electronic Stability Program), AMG 다이내믹 실렉트 등이다.

MERCEDES-AMG GT Roadster

메르세데스 AMG GT 로드스터

고출력을 즐길 수 있는 오픈카

약 11초 만에 개폐할 수 있는 소프트 톱* 방식의 GT 오픈 모델이다. GT의 자극적인 주행성능을 바람을 가르며 즐길 수 있다.

스펙 SPECIFICATION

전장×전폭×전고 : 4,545×1,940×1,260mm

엔진 : V형 8기통 3,982cc 터보

최고출력 : 476PS/6,000rpm

최대토크 : 630Nm/1,700~5,000rpm

미션 : 7단 오토매틱

0→100km/h 가속 : 4.0초

최고속도 : –

소프트 톱

마그네슘, 스틸, 알루미늄을 효과적으로 조합한 경량 구조이다. 방음성을 대폭으로 향상시키는 소재를 효과적으로 조합한 3층 구조를 적용하고 있다.

*소프트 톱 : 오픈카에 장착되는 천 소재의 접이식 지붕.

MERCEDES-AMG GT R

메르세데스 AMG GT R

GT의 성능을 갈고닦은 R모델

AMG GT의 최강 모델이 이 GT R이다. 엔진은 최고출력 585마력까지 높였으며, 전용으로 만들어진 공력 부품을 장착한다. 또한 지붕에는 카본 등의 재질을 사용하여 차체를 가볍게 하고 있다. GT의 속도를 더 순수하게 높인 정통 모델이다.

01 디퓨저 : 공력성능을 높이기 위해 대형 디퓨저를 장착하고 있다.

02 리어윙 : 강력한 다운포스를 만들어낸다.

03 운전석 : GT의 레이아웃을 계승하고 있다.

스펙
SPECIFICATION

전장×전폭×전고 : 4,550×1,995×1,285mm

엔진 : V형 8기통 3,982cc 터보

최고출력 : 585PS/6,250rpm

최대토크 : 700Nm/1,900~5,500rpm

미션 : 7단 오토매틱

타이어 크기 : 앞 275/35 R19, 뒤 325/30 R20

0→100km/h 가속 : 3.6초

최고속도 : 310km

MERCEDES-AMG

Project ONE

메르세데스 AMG
프로젝트 원

MERCEDES-AMG Project ONE 프로젝트는 계획을 의미하고, 원은 「F1」을 의미한다.

정통 F1 출력 장치를 탑재

프로젝트 원이라고 불리는 이 차는 실제로 레이스에서 사용되고 있는 F1용 차량을 바탕으로 V형 6기통 1,600cc 엔진과 3개의 모터를 탑재한 하이브리드 방식의 하이퍼 카이다.

출력 장치뿐만 아니라 차체의 주변에도 실제 F1에서 사용되고 있는 기술이 아낌없이 적용되었다. 이를 통해 시속 200km까지 6초에 도달하며, 최고속도는 시속 350km를 자랑하다. 25km까지는 모터만으로도 주행할 수 있다.

스타일링
버터플라이 도어와 샤크 핀이 이 차가 단순한 자동차가 아님을 말해준다. 차체는 대부분이 카본으로 만들어져 가벼우며 고강도를 자랑한다.

스펙 SPECIFICATION	엔진 : V형 6기통 1,600cc 터보+모터	0→200km/h 가속 : 6.0초
	최고출력 : 740kW	최고속도 : 350km/h
	미션 : 8단	탑승인원 : 2명

차체 각 부위에 적용된 F1 테크놀로지

V형 6기통 엔진을 지원하는 모터 외에 좌우 각각의 바퀴에도 모터를 장착하고 있다. 엔진과 어시스트 모터가 뒷바퀴에 전달하는 출력은 500kW(약 670마력), 앞의 모터는 각 120kW(약 160마력)이다. 각 모터와 엔진의 출력을 다 합치면 740kW, 즉 약 1,000마력을 발휘하게 된다.

실제로 2018년 시즌에 F1을 달렸던 메르세데스 출력 장치인 「M09 EQ Power」의 출력이 약 1,000 마력이었기 때문에 프로젝트 원은 F1과 동등한 출력을 발휘하는 것이다.

서스펜션은 레이스 테크놀로지를 적용하여 스프링이 수평으로 장착되는 멀티 링크 타입*으로 뛰어난 노면 추종성을 발휘한다. 보디나 섀시 외에 휠도 카본제를 사용하며, 브레이크는 카본 세라믹 디스크를 사용하여 고속주행을 뒷받침하고 있다.

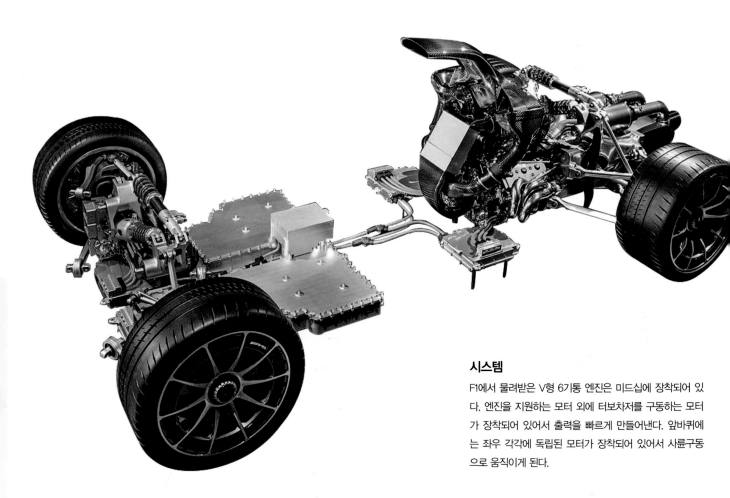

시스템

F1에서 물려받은 V형 6기통 엔진은 미드십에 장착되어 있다. 엔진을 지원하는 모터 외에 터보차저를 구동하는 모터가 장착되어 있어서 출력을 빠르게 만들어낸다. 앞바퀴에는 좌우 각각에 독립된 모터가 장착되어 있어서 사륜구동으로 움직이게 된다.

***멀티 링크 타입** : 서스펜션의 형식 가운데 하나로서 기본이 되는 더블 위시본 타입보다도 움직이는 부분이 많아 노면 추종성이 높은 타입이다.

운전석

마치 F1 머신 같은 형태의 핸들이 장착된 운전석에는 대형 디스플레이 2개가 배치되어 있다. 주행 모드 전환 스위치 등이 핸들에 장착되어 있어서, 주행 중에도 핸들에서 손을 떼지 않고 조작할 수 있다.

시트

섀시와 하나로 만들어진 것 같은 디자인 시트는 완전히 레이싱 카라고 해도 과언이 아니다.

공력 부품

샤크 핀이나 디퓨저 종류는 철저히 공력 성능을 추구한 형상이다.

ASTON MARTIN

애스턴 마틴

1913년에 라이오넬 마틴과 로버트 햄포드가 설립한 레이스 카 제조회사가 기원이다. 그 뒤 실업가 데이비드 브라운의 손에 회사가 넘어가면서 지금까지 이어지는 「DB」(※데이비드 브라운의 이니셜) 시리즈를 제조하기 시작했다. 영화 007시리즈에서 주인공이 탔던 DB5가 특히 유명한데, 현재의 007 영화에서도 애스턴 마틴 차가 등장하고 있다.

ASTON MARTIN Valkyri

애스턴 마틴

발키리
북유럽 신화에 나오는 「발퀴레」의 영어표기.
발퀴레는 전장에서 사자와 생자를 나누는 여성 반신(半神)을 가리킨다.

일반도로를 달리는 F1

애스턴 마틴이 F1에서 경쟁하는 레드불 레이싱과의 협업을 통해 제작한 하이퍼카(Hyper Car)가 이 발키리이다. 미드십에 장착한 V형 12기통 엔진은 코스워스* 와 공동으로 개발한 엔진으로, 모터를 통한 지원으로 출력을 증가시키는 하이브리드 시스템과 같이 사용된다.

보디나 섀시는 카본으로 만들어져 가볍고 강성이 뛰어나다. F1 머신에 보디를 덧씌운 듯한 스타일은 차체의 전체가 공력 부품이라 할 만큼 기능미로 넘쳐난다. 또한 걸 윙 도어(Gull Wing Door)를 적용한 것도 디자인상의 큰 특징이다. 현 단계에서는 아직 프로토타입이지만 판매 가격이 약 30억 원 가까이 예상되며, 150대만 한정 생산으로 차량 공개와 동시에 예약은 이미 종료된 상태이다.

타이어

F1 머신의 구조에 가까운 섀시에다 에어로 다이내믹스가 뛰어난 보디를 조합한다. 차체 위쪽을 향해 갈매기 날개처럼 열리는 걸 윙 도어는 차체 디자인만큼 강렬한 인상을 준다.

1

01 **측면 모습** : 공기역학적 디자인은 제트기에 가까운 인상을 주기에 충분하다.

02 **앞 모습** : 밑으로 내걸리듯이 장착된 스포일러는 F1 이미지 그대로이다.

03 **뒷 모습** : 차체 아래쪽이 터널 모습을 하고 있다.

04 **핸들** : 사각형의 핸들 가운데에 디스플레이가 장착되어 있다.

스펙
SPECIFICATION

전장×전폭×전고 : –	미션 : –
휠 베이스 : –	타이어 크기 : –
엔진 : V형 12기통 6.5ℓ +모터	0→100km/h 가속 : –
최고출력 : –	최고속도 : –
최대토크 : –	탑승인원 : 2명

*__코스워스__ : 영국의 레이싱 엔진을 만드는 회사. 포드의 V8 엔진을 F1용으로 튜닝하여 통산 154승을 거두고 있다.

ASTON MARTIN

DB11

애스턴 마틴
DB11

DB는 예전 사주였던
데이비드 브라운의 이니셜이고
11은 11번째를 의미한다.

V12 AML

전통 DB시리즈의 최신 모델

애스턴 마틴의 「DB」시리즈 가운데 최
신형이 이 DB11이다. 한눈에도 애스
턴 마틴이라는 것을 알 수 있는 의장
을 하고 있으면서도 대담한 에어로
폼으로 무장한 DB11은 애스턴 마틴
디자인의 새로운 조류로 자리매김할
것이다.

탑재하는 엔진은 새로 개발된 V형 12
기통 트윈터보로 608마력이라는 최
고출력을 발휘한다. 1,770kg의 차체
를 시속 322km까지 가속시킨다. 또
한 메르세데스 AMG의 V형 8기통 트
윈터보 엔진을 탑재한 모델도 라인업
되어 있다.

엔진

앞쪽에 장착되는 V형 12기통 트윈
터보 엔진은 608마력의 최고출력과
700Nm의 최대토크를 발휘한다. V8
모델에 장착되는 V형 8기통 엔진은
메르세데스 AMG 제품으로 최고출
력 510마력에 최대토크 675Nm을 발
휘한다.

01 **운전석** : 운전석은 스포티함을 유지하면서도 가죽을 사용하여 차분한 디자인으로 마무리되었다.

02 **미터** : 아날로그 방식의 대형 타코미터 안에 속도와 기어 위치가 디지털로 표시된다.

03 **시트** : 승차감과 밀착성이 균형 잡힌 스포티한 가죽 시트가 장착되어 있다.

ASTON MARTIN DB11 Volante

애스턴 마틴 DB11 볼란테

볼란테는 이탈리아어로 「날고 있다」는 뜻으로 이것은 애스턴 마틴의 오픈 모델에 대대로 붙여져 온 이름이다. 약 14초면 열리는 소프트 톱 방식에 엔진은 V형 8기통을 탑재하고 있다.

스펙
SPECIFICATION

전장×전폭×전고 : 4,750×1,950×1,290mm

휠 베이스 : 2,805mm

엔진 : V형 12기통 5,200cc 터보

최고출력 : 608PS(447kW)/6,500rpm

최대토크 : 700Nm(71.4kgm)/1,500~5,000rpm

미션 : 8단 오토매틱

타이어 크기 : 앞 255/40 R20, 뒤 295/35 R20

0→100km/h 가속 : −

최고속도 : 322km/h

탑승인원 : 4명

ASTON MARTIN

Vantage

애스턴 마틴 밴티지 영어로 「유리」나 「우위」라는 의미이다.

서킷까지 즐길 수 있는 애스턴 마틴

밴티지의 스포티함을 전면에 내세운 진취적인 디자인은 애스턴 마틴의 신시대를 느끼게 한다. 가볍게 만들어진 새로운 알루미늄 섀시에는 510마력을 발휘하는 메르세데스 AMG 제품의 V형 8기통 트윈터보 엔진을 탑재했다. 변속기는 토크 컨버터 방식의 8단 오토매틱으로, 전자제어 방식의 디퍼렌셜*을 장착하고 있다. 뛰어난 동력 성능과 뛰어난 제어 성능은 애스턴 마틴 가운데서도 손꼽히는 스포츠 모델임을 자랑한다.

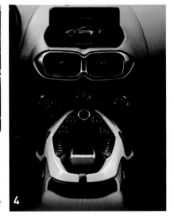

01 **타이어/휠** : 휠은 앞뒤 모두 20인치에, 타이어는 피렐리** 제품의 P제로를 사용한다.

02 **엔진** : 앞쪽에 장착된 메르세데스 AMG 제품의 V8 엔진은 510마력에 685Nm을 발휘한다.

03 **운전석** : 운전석은 스포티함을 전면에 내세우는 한편, 시트도 버킷 타입이 장착되어 있다.

04 **센터 콘솔** : 센터 콘솔에는 푸시 버튼 방식의 시프트 실렉터가 배치되어 있으며, 대시 패널 부분에는 인포메이션 디스플레이가 배치되었다.

*디퍼렌셜 : 차동장치를 말하며, 좌우 타이어의 동력 차이를 보정함으로써 커브를 쉽게 돌게 하는 장치.
**피렐리 : 이탈리아의 타이어 메이커로서 스포츠 타이어 제조가 주력이다.

스펙 SPECIFICATION

전장×전폭×전고 : 4,465×1,942×1,273mm

엔진 : V형 8기통 3,982cc 터보

최고출력 : 510PS(375kW)/6,000rpm

최대토크 : 685Nm(69.9kgm)/2,000~5,000rpm

미션 : 8단 오토매틱

0→100km/h 가속 : 3.6초

최고속도 : 316km/h

ASTON MARTIN

ASTON MARTIN Vanquish S

애스턴 마틴 뱅퀴시 S

「정복하다」, 「완파하다」란 뜻의 영어

경량화로 전투력을 높인 플래그십

2세대에 해당하는 뱅퀴시의 최고봉 모델로 데뷔한 뱅퀴시 S는 588마력까지 출력을 높인 애스턴 마틴 제품의 V형 12기통 엔진을 탑재하는 2시터 모델이다. 보디에는 카본이나 마그네슘 같은 경량 소재를 많이 사용했으며, 쿠페 외에 오픈 보디인 볼란테도 준비되어 있다. 변속기에는 최신 8단 오토매틱이 장착되어 시속 100km까지 3.5초 만에 도달하며, 최고속도는 시속 323km에 달한다.

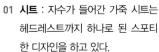

스타일링

애스턴 마틴답게 흐르는 듯한 보디라인을 가진 스포티한 쿠페 디자인은 이안 칼럼이 디자인했다.

01 **시트** : 자수가 들어간 가죽 시트는 헤드레스트까지 하나로 된 스포티한 디자인을 하고 있다.

02 **센터 콘솔** : 카본으로 만들어진 센터 콘솔에는 시프트 실렉터나 에어컨 조정 다이얼 등이 배치되어 있다.

03 **배기관** : 카본 범퍼를 통해 한쪽 당 2개의 굵은 배기관이 빠져나와 있다.

스펙 SPECIFICATION

전장×전폭×전고 : 4,730×1,910×1,295mm

엔진 : V형 8기통 6ℓ

최고출력 : 588PS(433kW)/7,000rpm

최대토크 : 630Nm(64.2kgm)/5,500rpm

미션 : 8단 오토매틱

0→100km/h 가속 : 3.6초

최고속도 : 323km/h

HONDA 혼다

여기서 소개할 2대의 「NSX」외에 로봇, 제트기 등 자동차 이외의 분야에서도 유명한 혼다는 혼다 소이치로가 1946년에 창업한 회사이다. 오토바이 메이커였던 창업 당시부터 세계적 모터스포츠에 적극적으로 참가해 왔으며, 이륜차와 사륜차 모두 레이스를 통해 축적한 기술을 제품으로 피드백하고 있다.

HONDA NSX(2016~)

혼다

NSX
「New Sportscar X」=NSX 새로운 스포츠카 X(미지수)

독자적인 하이브리드 시스템을 탑재한 2세대 NSX

2016년 8월에 발표된 NSX는 1990년부터 2006년까지 판매되었던
NSX의 2세대에 해당하는 2시터 스포츠카이다.
미드십 3.5 ℓ · V형 6기통 엔진과 엔진을 지원하는
다이렉트 드라이브 모터, 좌우 앞바퀴를 독립적으로 구동하는
트윈 모터 장치에 의한「SPORT HYBRID SH-AWD」시스템을
적용하여 최고출력 581마력을 발휘한다.

운전석

뛰어난 강도와 경량화에 주력한 운전석. 스티어링 휠(핸들)은 그립력과 조작성을 중시해 오리지널 가죽으로 만들었으며, 카본 파이버의 미터 바이저나 알루미늄 스포츠 페달을 옵션으로 선택할 수 있다.

미터 패널

TFT 컬러 액정 디스플레이를 적용하여 시인성이 뛰어난 미터 패널. 인터그레이티드 다이내믹스 시스템(Integrated Dynamics System)의 4가지 각 주행 모드마다 미터 표시가 변화하면서 주행 모드의 특성을 쉽게 파악할 수 있게 되어 있다.

휠/브레이크

앞 19인치, 뒤 20인치인 휠은 뛰어난 강성을 가졌으며 전용으로 개발된 단조* 알루미늄 휠이다. 3차원 특수 가공된 경쾌하고 스포티한 외관도 특징 가운데 하나이다. 높은 열용량을 갖는 브레이크 시스템은 앞이 6피스톤, 뒤가 4피스톤인 알루미늄 모노 블록의 대형 캘리퍼를 사용한다. 옵션인 카본 세라믹 제품 디스크를 사용하면 기본 브레이크보다 23.5kg의 경량화와, 스포츠 주행을 할 때 내구 페이드 성능**을 높일 수 있다.

***단조** : 금속에 높은 압력을 가해 금속 내부의 빈틈을 없앰으로써 뛰어난 강도를 발휘하게 하는 금속 성형 방법. 일반적으로 녹여낸 금속을 틀에 쏟아 부어서 굳히는 "주조"라는 방식이 사용된다.
****내구 페이드 성능** : 제동력의 저하를 방지하는 성능이다.

프런트 브레이크 냉각

브레이크 시스템은 제동력이 걸릴 때 마찰력이 높아짐에 따라 제동력은 떨어지게 된다. 이 마찰력의 상승을 억제하기 위해, 에어덕트를 통해 주행풍을 유도함으로써 브레이크를 효율적으로 냉각시킨다.

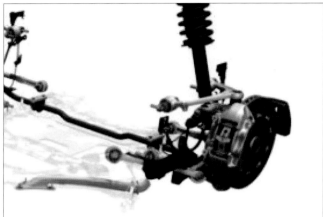

리어 브레이크 냉각

미드십 엔진이나 변속기 배기열*의 영향을 받는 리어 브레이크를 효율적으로 냉각시키기 위하여 보디 아래 면으로 들어오는 공기를 중공(中空) 리어 서브 프레임 안의 덕트를 통해 직접 냉각시키고 있다.

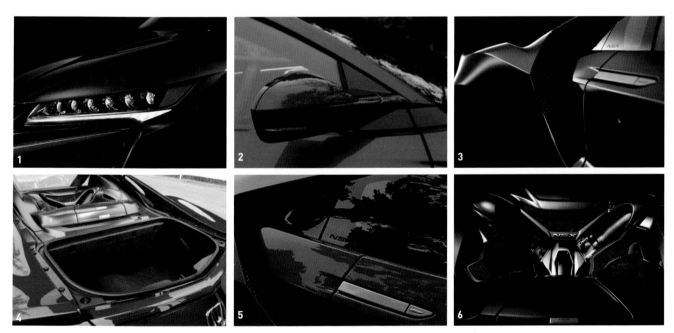

01 **쥬얼아이 LED 헤드라이트** : 6개의 독립된 LED 헤드라이트는 로 빔일 경우에는 바깥쪽 4개만, 하이 빔일 경우에는 6개가 모두가 점등된다.

02 **에어로 다이내믹스 도어 미러** : 2가지 색 컬러의 전동 도어 미러는 슬림형 블레이드 암을 사용해 공기저항을 최소한으로 억제하는 동시에 사이드 인테이크로 흐르는 공기를 정류해 준다.

03 **플로팅 리어 필러** : 보디 측면의 공기를 효율적으로 흐르게 하는 루프 라인 바깥쪽으로 튀어나온 리어 필러. 그 아래쪽에는 터보 엔진의 인터쿨러가 있다.

04 **후방 트렁크** : 미드십 스포츠카이지만 충분한 용량의 공간을 확보하고 있다.

05 **도어 핸들** : 도어 패널과 동일한 평면상에 도어 핸들을 배치함으로써 공기 흐름이 흐트러지지 않는 디자인을 하고 있다.

06 **카본 파이버 엔진 커버** : 디자인의 멋을 한껏 발휘하는 카본 파이버 소재의 엔진 커버를 옵션으로 준비하고 있다.

***배기열** : 엔진이나 변속기 등과 같이 고온으로 올라가는 장치로부터 발생하는 열이나 그 열을 배출하는 것을 말한다.

SPORT HYBRID SH-AWD

독자적인 기술을 집약한 하이브리드 시스템인 「SPORT HYBRID SH-AWD」의 "SH"는 "Super Handling", "AWD"는 "All Wheel Drive(4WD)"를 나타낸다. 이 시스템은 V6 트윈터보 엔진에 3개의 모터를 조합한 것으로서 가속이나 코너링 성능을 높이는 시스템이다. 3개의 모터 가운데 1개는 엔진 가속과 터보 랙을 해소하는 역할을, 나머지 2개는 주로 앞바퀴의 토크를 제어해 핸들링 성능을 향상하는 역할을 한다.

인텔리전트 파워 유닛(IPU)

모터나 엔진 등에 전력을 공급하는 고출력 리튬이온 배터리나 전장부품, 컴퓨터를 시트 뒤쪽에 배치하여 무게의 균형을 맞추고 있다.

스페이스 프레임

SPORT HYBRID SH-AWD와 섀시 성능을 최대한으로 발휘하기 위해, 여러 가지 소재(아래 일러스트에서 색이 다른 부분은 압출성형 알루미늄이나 프레스 가공 알루미늄 등 소재가 다르다)를 조합한 스페이스 프레임을 새로 개발해 경량·고강성화를 달성했다.

트윈 모터 장치

앞바퀴의 드라이브 샤프트 시작 부분에 좌우 대칭으로 배치된 2개의 모터를 중심으로 구성된 트윈 모터 장치. 앞바퀴 토크의 자유로운 제어를 통해 액셀러레이터를 밟았을 때(가속 시)와 밟지 않았을 때(감속 시) 양쪽의 제어 성능을 높이는 기능 외에도, 순간적으로 가속이 필요할 때는 엔진이나 다이렉트 드라이브 모터와 연계해 토크를 발휘한다.

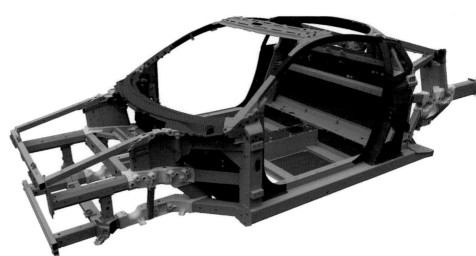

*터보 랙 : 엔진이 저속 회전일 때나 감속할 때 배기가스의 감소로 인해 흡기를 가속하는 터빈의 회전수가 떨어지면서 다시 터빈의 회전수가 올라갈 때까지 시간 지체가 발생하는 현상을 말한다.

다이렉트 드라이브 모터

엔진 바로 뒤에 배치된 다이렉트 드라이브 모터는 최고출력 48마력, 최대토크 148Nm을 발휘하는 고성능 모터이다. 크랭크 샤프트로 직접 접속하는 신개발 전용 구조를 통해 모터 바로 뒤에 위치하는 DCT(Dual Clutch Transmission) 모든 기어에서 엔진을 지원함으로써, DCT 카운터 샤프트의 관성 중량을 줄여 변속 속도까지 향상한다. 또한 이 모터는 엔진 스타터 역할도 하고 있으며, 경량화와 무게중심을 낮추는 일에도 이바지한다.

엔진/변속기

3.5ℓ V6·DOHC 트윈터보 엔진(위쪽 일러스트)은 압축비를 10.0으로 설정해 연소효율을 높이는 방법으로 대배기량 엔진과 동등한 고출력을 발휘한다. 또한 엔진 공간이 꽉 찰 만큼 광각화(廣角化)한 75도 뱅크각의 엔진은 무게 중심이 낮기 때문에 뛰어난 운동성능을 나타낸다.

변속기(아래쪽 일러스트)는 전용으로 개발된 9단 DCT(Dual Clutch Transmission)로서, 9단이나 되는 다단화를 통해 도심지부터 고속도로까지 부드럽고 쾌적한 주행성능을 발휘할 뿐만 아니라 서킷에서는 운전자의 생각대로 가감속을 발휘한다.

스펙 **SPECIFICATION**		
	전장×전폭×전고 : 4,490×1,940×1,215mm	미션 : 9단 듀얼 클러치
	휠 베이스 : 2,630mm	타이어 크기 : 앞 245/35 ZR19, 뒤 305/30 ZR20
	엔진 : V형 6기통 3,492cc	0→100km/h 가속 : -
	최고출력 : 507PS(373kW)/6,500~7,500rpm	최고속도 : -
	최대토크 : 550Nm(56.1kgf·m)/2,000~6,000rpm	탑승인원 : 2명

*뱅크각 : V형 엔진의 실린더 열을 뱅크라고 부르며, 2개의 뱅크가 형성하는 내각을 뱅크각이라고 한다. 기통 수에 따라 균형이 좋은 각도는 다르지만, 뱅크각을 넓게 설계하면 차량 중심을 낮출 수 있다.

NSX(1990~2006)

혼다

NSX
누구나 쉽게 운전할 수 있는, 새로운 스포츠카 X

뉴 스포츠카 X로 탄생한, 초대 NSX

1990년부터 2006년까지 판매된 초대 NSX는 「N=New= 새로운」 「S=Sport car」의 NS에 미지수를 뜻하는 「X」를 합쳐 이름붙인 양산 차량 세계 최초의 올 알루미늄 모노코크 보디*에 3.6ℓ·V6 엔진을 탑재한 스포츠카이다.

티타늄 커넥팅 로드

엔진을 고속회전시키기 위해 가공이 쉬운 티타늄 소재를 새롭게 개발하여 커넥팅 로드를 제조·실용화함으로써 약 700회전만큼 빨리 돌리게 되었다.

엔진

미드십에 탑재된 엔진은 작고 가벼운 고성능 3.0ℓ·V형 6기통 엔진이다. 3ℓ의 자연흡기 엔진으로는 당시 최고 수준인 최대출력 280마력을 발휘했는데, 이는 혼다의 독자적 최신 기술인 「VTEC(엔진 회전수에 맞춰 밸브 개폐 타이밍과 리프트 양을 변화시키는 가변 밸브 장치)」등을 통해서 뛰어난 출력 특성과 응답성을 실현한 것이다.

*올 알루미늄 모노코크 보디 : 알루미늄 합금은 가볍기는 하지만 성형이나 용접에 고도의 기술을 필요로 해서 모노코크 보디의 소재는 강판이 일반적이다. 그러나 강판 소재로는 달성할 수 없는 경량화를 이루기 위해 혼다는 재료 개발이나 전용 공정 설치 등을 거쳐 양산 차량으로서는 세계 최초로 올 알루미늄 모노코크 보디를 개발하였다.

운전석

1992년에 추가 발매된 NSX의 성능을 더 향상시킨 「NSX 타입R」의 운전석. 모모(MOMO)* 제품의 스티어링 휠, 레카로** 와 공동으로 개발한 풀 버킷 시트 등을 사용하고 있다.

올 알루미늄 모노코크 보디

뛰어난 운동 성능을 얻기 위해서는 차체의 경량화가 중요한데 이 경량화를 위해 올 알루미늄 모노코크 보디(프레임과 일체화된 구조의 보디)를 적용하였다. 이를 통해 일반적인 스틸 보디보다 140kg을 경량화한 동시에 알루미늄 압출 소재를 사용하는 등 차체의 강성도 스틸소재 보디보다 뛰어나다.

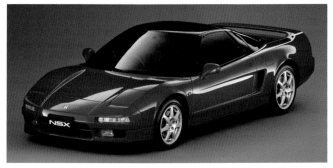

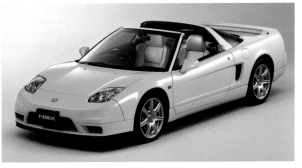

왼쪽 사진은 2001년 12월부터 판매되었던 부분변경 모델(기본 구조는 똑같고 약간의 변화를 준 모델)로서 익스테리어나 휠 디자인, 타이어 크기 등의 변경 외에 인테리어 등 각 부분에는 새로운 색이 적용되었다.
우측 사진은 역시나 같은 해에 판매되었던 「NSX 타입T」의 부분변경 모델로서 오픈 톱 모델(지붕을 탈착할 수 있는 모델)인 타입T는 1995년의 일부사양 변경에 맞춰 판매되었던 모델이다.

스펙 **SPECIFICATION**		
	전장×전폭×전고 : 4,430×1,810×1,170mm	미션 : 5단 매뉴얼
	휠 베이스 : 2,530mm	타이어 크기 : 앞 205/50 ZR15, 뒤 225/50 ZR16
	엔진 : V형 6기통 2,977cc	0→100km/h 가속 : –
	최고출력 : 280PS/7,300rpm	최고속도 : –
	최대토크 : 30.0kgm/5,400rpm	탑승인원 : 2명

*모모(MOMO) : 이탈리아 밀라노에 본사가 있는 뛰어난 디자인의 자동차 관련 제품을 제조하는 메이커이다. 스티어링 휠이나 알루미늄 휠, 시프트 노브 등을 제조한다.
**레카로 : 시트로 유명한 독일 메이커로서 자동차 외에 비행기나 철도의 시트, 스포츠 경기장의 벤치 등도 제조한다.

PAGANI 파가니

1992년에 아르헨티나 출신의 올라치오 파가니가 창업한 이탈리아의 「파가니」는 창업 당시부터 슈퍼카만 생산하는 메이커이다. 파가니는 예전에 르노나 람보르기니에서 엔지니어로 근무한 적이 있는데, 람보르기니에서는 「카운타크 에볼루치오네」콘셉트 모델의 개발에 참여한 바 있다. 파가니는 이 회사 외에도 카본 부품의 소재를 제조하는 「모데나 디자인」이라는 업체도 설립한 바 있다.

PAGANI Huayra Roadster

파가니
후에이라 로드스터

「후에이라」는 잉카제국을 부흥시킨 남미 원주민의 언어로 「바람」을 의미한다.

100대 한정 생산의 희소 오픈 모델

2017년에 스위스 제네바 모터쇼에서 발표된 「후에이라 로드스터」는 2011년에 발표되었던 「후에이라(쿠페)」를 바탕으로 루프를 탈착식으로 바꾼 슈퍼카이다. 루프는 카본과 유리로 만들어진 하드 톱과, 특수 카본 복합 섬유로 만들어진 소프트 톱이 기본 사양으로 준비되어 있다. 100대 한정 생산이라 30억 원에 가까운 초고가였지만 이미 발표 전에 완판된 희소 모델이다.

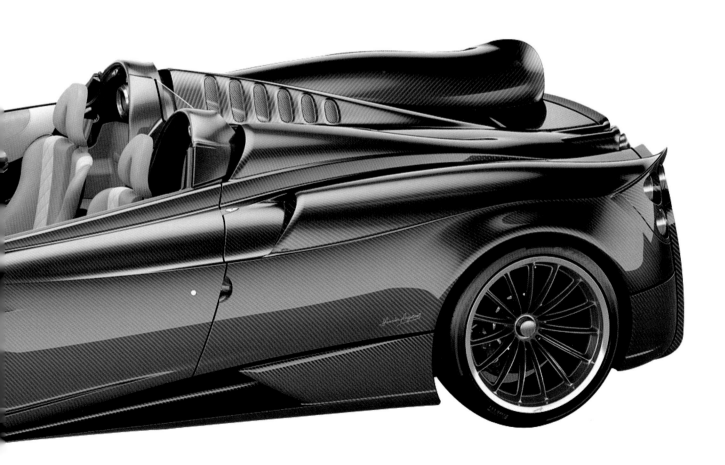

카본과 티타늄으로 만들어진 복합 소재로 초경량화를 달성

후에이라 로드스터는 카본 파이버와 티타늄의 복합 소재를 사용한 모노코크 보디를 통해 초경량화를 달성하였다. 이 경량 보디에는 메르세데스 AMG가 파가니를 위해 개발한 최대출력 775마력의 6ℓ · V형 12기통 엔진을 탑재하였으며 1.65kg/마력이라는 뛰어난 중량 출력 비율(차량 무게와 마력의 비율)로 경이적인 성능을 발휘한다.

익스테리어

카본 파이버와 티타늄의 복합 소재를 적용한 보디는 도장 아래로 카본 소재 특유의 모양이 비친다. 후에이라 쿠페는 걸 윙 도어 방식이지만, 후에이라 로드스터는 탈착식 루프를 갖춘 로드스터이기 때문에 옆으로 열리는 도어 방식을 적용하고 있다.

인테리어

보디와 마찬가지로, 경량 카본 파이버 소재를 바탕으로 하는 공간에 고급 가죽을 씌운 시트나 대피 패널이 배치된 인테리어. 에어컨 통풍구나 각종 레버, 스위치들은 기하학적인 디자인으로 조형되어 있다. 로드스터의 인테리어는 루프를 벗겨 오픈된 모습이 마치 익스테리어의 일부처럼 보이게끔 고급 럭셔리카 같이 마무리되어 있다.

01 엔진 : 시트 뒤쪽에 배치된 엔진은 메르세데스 AMG가 파가니 전용으로 개발한 M158형·6ℓ의 V형 12기통 트윈 터보 엔진이다. 엔진 후드에 설치된 루프 유리 너머로 보이는 엔진 커버에는 AMG의 배지와 함께 그 엔진을 조립한 기술자의 사인이 새겨져 있다.

02 테일 라이트 : 보디 뒤쪽으로는 원형의 테일 라이트가 좌우에 3개씩 배치되어 있다.

03 머플러 팁 : 배기 머플러의 팁은 엔진 후드 끝부분의 차폭과 차고 중심 근처에 배치되어 있다.

스펙
SPECIFICATION

전장×전폭×전고 : −	미션 : AMT 차세대 7단 AT
휠 베이스 : −	타이어 크기 : −
엔진 : V형 12기통 트윈 터보 5,980cc	0→100km/h 가속 : −
최고출력 : 775PS/6,200rpm	최고속도 : −
최대토크 : 102kgm/2,400rpm	탑승인원 : 2명

PAGANI

Huayra

파가니
후에이라

「바람의 신」이라는 의미의 이름을 가진 파가니의 현재 모델

파가니 최초의 슈퍼카인 「존다」의 후속 차량으로 2011년에 발표된 후에이라. 후에이라라는 이름은 창업자 파가니의 고향인 남미 대륙의 원주민 언어에서 유래된 것으로 「바람」이나 「바람의 신」이라는 의미를 갖고 있다. 이전 모델 존다와 마찬가지로 엔진을 미드십에 장착하고 뒷바퀴를 구동하는 MR 방식을 적용하였으며, 730마력을 발휘하는 6ℓ · V12 엔진으로 총중량 1,350kg이나 되는 차체를 3.2초 만에 시속 100km에 도달하게 만든다.

인테리어

대부분의 메이커가 슈퍼카 인테리어에 인조 가죽인 알칸타라*를 많이 사용하지만 후에이라는 인테리어에 고급 가죽 시트를 사용한다. 또한 대시 주변도 독특한 디자인으로 꾸며져 있다.

엔진

후에이라는 메르세데스 AMG가 전용으로 개발한 6ℓ의 V12기통 트윈 터보 엔진을 미드십에 탑재한다. 이 엔진에서 나온 배기 파이프는 차체 뒷부분 중앙에 4개로 모아서 배치했다.

스펙
SPECIFICATION

전장×전폭×전고 : 4,605×2,036×1,169mm

휠 베이스 : 2,795mm

엔진 : V형 12기통 트윈 터보 5,980cc

최고출력 : 730PS/5,800rpm

최대토크 : 1,000Nm/2,250~4,500rpm

미션 : 7단 AMT

타이어 크기 : –

0→100km/h 가속 : 3.3초

최고속도 : 360km/h

탑승인원 : 2명

*알칸타라 : 슈퍼카 시트나 인테리어에 많이 사용하는 튼튼하고 가벼우면서도 부드러운 인공 가죽.

PAGANI

Zonda Revolution

파가니
존다 레볼루션 「존다」는 안데스 산맥에서 아르헨티나 쪽으로 부는 바람의 이름이다.

앞선 모델 「존다 R」의 최고속도 기록을 깨기 위해 개발된 모델

파가니의 「존다」는 1999년에 제네바 모터쇼에서 발표된 선대 「존다 C12」를 바탕으로 해가 거듭될 때마다 진화하면서 다양한 모델이 생산되고 있다. 이것은 후속 차량인 후에이라가 발표된 후에도 바뀌지 않았다. 2014년에 발표된 이 「존다 레볼루션」은 2010년에 「존다 R」이 뉘르부르크링(테스트 서킷)에서 달성한 최고속도 기록(6분 47초 50)에 도전하기 위해 개발되어 최고속도 기록을 18초 가깝게 단축한 서킷 주행용 모델이다.

5대 한정 생산의 증명

존다 레볼루션은 5대만 한정 생산한다고 발표되었다. 그것을 증명이라도 하듯이 기어 박스에 부착된 플레이트에는 「5 of 5」(5대 가운데 5번째)라는 문자가 새겨져 있다.

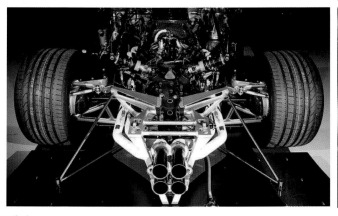

엔진

존다 레볼루션에 탑재되는 엔진은 앞선 모델인 존다 R과 동일하게 6ℓ V형 12기통 엔진이지만, 터보를 장착하지 않고 최고출력 780마력, 최대토크 750Nm을 발휘하도록 튜닝되었다.

운전석

서킷 주행 전용 모델이기 때문에 다른 파가니 차량에 있는 장식들이 운전석에는 없고 필요한 장치만 적절하게 배치되어 있다. 시트도 밀착성이 뛰어난 버킷 시트에 시트 벨트는 안전성이 높은 5점식이다.

스펙
SPECIFICATION

전장×전폭×전고 : 4,886×2,014×1,141mm	미션 : 6단 시퀀셜
휠 베이스 : 2,785mm	타이어 크기 : −
엔진 : V형 12기통 5,987cc	0→100km/h 가속 : 2.7초
최고출력 : 780PS/5,800rpm	최고속도 : −
최대토크 : 750Nm/5,780rpm	탑승인원 : 2명

Koenigsegg 코닉세그

스웨덴의 슈퍼카 메이커인 「코닉세그」는 1994년에 크리스찬 폰 코닉세그에 의해 설립되었다. 창업 2년 뒤인 1996년에 발표한 최초의 슈퍼카 「CC 프로토타입」에는 코닉세그가 발명한 「다이히드럴 싱크로 도어 액추에이션 시스템(Dihedral Synchro Door Actuation System)」*이라는 혁신적 도어 시스템이 적용되었다. 이 시스템은 현재 모델까지 이어지고 있다.

Koenigsegg Agera RSR

코닉세그

아제라 RSR

「아제라」는 스웨덴어로 「행동을 실행하다」라는 의미이다.

*다이히드럴 싱크로 헬릭스 도어 액추에이션 시스템(Dihedral Synchro Helix Door Actuation System) : 도어가 바깥쪽으로 약간 튀어나온 다음 도어 앞쪽을 축으로 회전하면서 열리는 시스템.

세계에서 한정 3대만 만든 스페셜 모델

코닉세그의 「아제라」는 2010년에 스위스 제네바 모터쇼에서 발표된 이 이전의 모델 「CCX」의 후속 차량이다. 「AGERA」라는 말은 스웨덴어로 "행동을 실행하다"라는 의미인 동시에 "영원(永遠)"을 뜻하는 고대 그리스어인 「Ageratos」의 약어이기도 하다. 자사에서 개발한 5ℓ·V8 트윈 터보 엔진이나 VGR 휠, 새로 개발한 7단 듀얼 클러치 미션 등을 도입한 아제라는 2011년에 수많은 주행 성능 테스트로 세계기록을 수립한 「아제라 R」, 서킷 주행에 적합한 공력 특성을 적용한 「아제라 RS」등과 같은 가지치기 모델도 있다. 이 「아제라 RSR」은 아제라 RS의 성능을 더 높여 세계적으로 3대만 생산된 모델이다.

아제라 시리즈 최강의 엔진과 윙을 탑재

아제라 RSR에 탑재된 엔진은 서킷 주행을 염두에 두고 개발한 아제라 RS와 똑같이 시리즈 최강의 5ℓ·V8 트윈 터보 엔진이다. RSR에서는 이 엔진에 공기를 보내는 루프 스쿠프(공기 유도 입구)를 보디에 설치하여 엔진의 성능을 한 단계 더 끌어올리고 있다. 또한 RS에서는 테일 라이트 장치 위로 설치되어 있는 리어 윙을 RSR에서는 루프(엔진 후드)에서 매달듯이 설치함으로써 다운포스를 더욱 향상하고 있다.

엔진

아제라 RSR에 탑재된 코닉세그 제품의 5ℓ·V형 8기통 트윈 터보 엔진은 알루미늄 합금이나 카본 파이버 소재를 사용하여 개별 무게 189kg의 경량을 자랑한다. 또한 스펙에 표시된 최고 출력과 최대토크 수치는 옥탄가가 낮은 일반 가솔린을 사용했을 때의 수치로서, 바이오 연료 사용이 가능하다면 더 높은 출력을 끌어내는 세팅*도 가능하다.

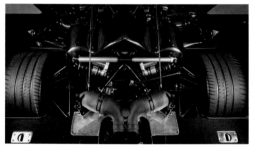

엔진 후드 안

엔진 후드를 넓게 열어젖히면 미드십에 탑재된 엔진이나 배기 머플러, 코닉세그 제품의 중공 카본 파이버 휠에 장착된 서킷 주행이 가능한 타이어 등의 모습을 볼 수 있다. 뒷바퀴의 움직임을 제어하는 서스펜션은 푸시로드 방식을 사용하고 있다.

스펙
SPECIFICATION

전장×전폭×전고 : 4,293×2,050×1,120mm

휠 베이스 : 2,262mm

엔진 : V형 8기통 트윈 터보 5,063.2cc

최고출력 : 1,176PS(865kW)/7,800rpm

최대토크 : 1,000Nm(102kgf·m)/2,700~6,170rpm

미션 : 오토모드가 가능한 7단 패들 시프트

타이어 크기 : 앞 265/35-19, 뒤 345/30-20

0→100km/h 가속 : –

최고속도 : –

탑승인원 : 2명

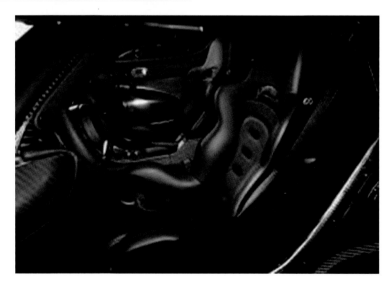

인테리어

아제라 RSR의 인테리어는 카본 소재와 가죽으로 마무리되었다. 가죽을 씌운 버킷 시트의 바탕도 카본 제품이며, 좌면 앞쪽으로는 서킷 주행을 할 때 운전자의 신체를 잡아주는 하니스** 용 고리가 달려 있다.

*세팅 : 엔진이나 차체(주행)의 성능·특성을 바꾸기 위해 관련된 각 부분을 조정하는 일.
**하니스 : 레이스나 서킷 주행용으로 신체를 잡아주는 기능을 강화한 시트 벨트를 말한다. 시트 벨트는 3점으로 고정되지만 하니스는 4~6점으로 고정된다.

koenigsegg

Regera

코닉세그
레제라
「레제라」는 스웨덴어로 「군림하다」라는 의미를 갖고 있다.

도어 시스템

다른 슈퍼카가 채택하는 「걸 윙」이나 「시저스 도어」, 「버터플라이 도어」와는 또 다른, 코닉세그의 대명사라고 할 수 있는 「다이히드럴 싱크로 헬릭스 도어 액추에이션 시스템」을 채택하고 있다. 문이 바깥쪽으로 약간 나간 다음 도어 앞쪽을 축으로 회전하면서 열리는, 다른 슈퍼카에서는 볼 수 없는 획기적인 시스템이다.

V8 엔진과 3개의 모터를 조합하여 1,500마력을 발휘

2017년 스위스 제네바 모터쇼에서 발표된 「레제라」는 V8 엔진 외에 3개의 모터를 탑재한 PHV(Plug-in Hybrid Vehicle) 자동차이다. 「REGERA」라는 말은 스웨덴어로 "군림하다"는 뜻으로 엔진과 3개의 모터를 조합하여 1,500마력이라는 경이적인 출력을 끌어내는, 슈퍼카를 능가하는 「하이퍼카」가 군림했다는 것을 말해준다.

이렇게 놀랄만한 출력 외에도 독자적으로 새로 개발한 다이렉트 드라이브 시스템 등으로 PHV의 단점인 무게 증가를 낮추어, 시속 150~250km까지 3.2초 만에 가속한다. 또 0~400km/h까지 20초 만에 도달하는 성능을 발휘한다.

스펙
SPECIFICATION

전장×전폭×전고 : 4,560×2,050×1,110mm

휠 베이스 : 2,662mm

엔진 : V형 8기통 트윈터보 5,063.2cc

최고출력 : 1,115PS/7,800rpm

최대토크 : 1,280Nm/4,100rpm

미션 : 코닉세그 다이렉트 드라이브

타이어 크기 : 앞 275/35-19, 뒤 345/30-20

0→100km/h 가속 : 2.7초

최고속도 : –

탑승인원 : 2명

koenigsegg

ONE:1

코닉세그
원:1
중량 대 출력 비율이 1:1이라는 사실에서 따온 이름 「원:1」

최고출력 1MW(메가와트)를 달성한 세계 최초의 메가카

중량 대 출력 비율(Power-weight ratio)이 1:1(최고출력
=1,360마력:차량중량=1,360kg)이라고 한다. 합법적으로
일반도로를 달리는 것이 불가능하다고 여겨졌던 수치를
달성하면서, 그 수치를 차 이름으로 사용한 「One:1」 2014
년에 발표된 이후 2015년에 프로토 타입 1대를 포함하여
총 7대가 제작되었다.

01, 02 운전석 : 여분의 장식이 전혀 없는 간소한 운
전석. 대시 주변이나 핸들, 센터 콘솔, 버킷 시
트 등은 카본 파이버 제품이고 부분적으로 가
벼운 합성 가죽을 사용하고 있다.

03 리어 윙 : 루프(엔진 후드)에서 매달 듯이 설치된
리어 윙은 고속주행 시 다운포스 향상에 효과를
발휘한다.

04 휠/윙릿 : 5개 스포이크 타입의 휠은 코닉세그에
서 디자인한 중앙 잠금 방식의 중공 카본 휠이다.
앞 범퍼에는 서킷 주행에 특화된 윙릿(Winglet,
바람의 흐름을 정류하는 작은 날개)이 장착되어
있다.

스펙
SPECIFICATION

전장×전폭×전고 : 4,500×2,060×1,150mm

휠 베이스 : 2,662mm

엔진 : V형 8기통 트윈터보 5,063.2cc

최고출력 : 1,360PS(1MW)/7,500rpm

최대토크 : 1,371Nm/6,000rpm

미션 : 7단 듀얼 클러치

타이어 크기 : 앞 265/35-19, 뒤 345/30-20

0→400km/h 가속 : 약 20초

최고속도 : 400km/h 이상

탑승인원 : 2명

LOTUS 로터스

경량 스포츠 모델을 다양하게 제조하는 로터스는 1948년에 영국 런던대학 학생이었던 콜린 채프먼이 낡은 중고차(오스틴 세븐)를 자신이 탈 레이싱카로 개조하면서부터 시작되었다. 현재까지의 역사를 살펴보면 「세븐」이나 「엘란」, 「코티나 로터스」, 「에스프리」등과 같은 명차를 많이 생산해 왔고, 지금도 강력한 개성을 가진 스포츠카를 제조하고 있다.

LOTUS EVORA GT430

로터스

에보라 **GT430** 「에보라」는 포르투갈에 있는 마을 「에보라」에서 유래한 것으로 전해진다.

에어로 다이내믹스 보디

에보라 GT430은 프런트 휠에 바람을 유도하는 카본 파이버 제품의 프런트 덕트나 프런트 휠 아치 패널의 완만하게 휘어진 에지, 리어 휠 후방의 덕트, 거대한 리어 윙 등으로 고속주행 시 강력한 다운포스(최고속도 도달 시 250kg)를 끌어낼 뿐만 아니라 코너링 파워를 높이고 있다.

01 변속 레버 : 에보라 GT430은 6단 MT(Manual Transmission)만 설정되어 있기 때문에 센터 콘솔에 변속 레버가 배치되어 있다. 그러나 「GT430의 성능이 너무 높다」고 느끼는 운전자를 위해 6단 MT 외에 6단 AT(Automatic Transmission)도 선택할 수 있으며, 리어 윙을 없애고 성능을 낮춘 「에보라 GT430 스포츠」버전도 준비되어 있다(이밖에도 4명이 탈 수 있는 2+2도 라인업 되어 있다).

02 핸들/미터 : 철저한 경량화를 위해 핸들 주변은 간소하게 마무리되어 있다.

경량 스포츠의 정석, 로터스의 플래그십

로터스의 플래그십 모델이라고 할 수 있는 「에보라 GT430」은 2008년 7월에 런던 모터쇼에서 발표된 「에보라」의 최신·최강 모델이다. 차 이름의 머리글자에 「E」를 이용하는 로터스의 관례를 따른 이 이름은 포르투갈의 마을 「Evora」에서 유래되었다고 한다. 에보라 뒤에 붙은 「430」이라는 수치는 미드십에 탑재하는 V6 엔진의 최대 출력에서 따온 것이다.

스펙
SPECIFICATION

전장×전폭×전고 : 4,359.5×1,845×1,220mm	미션 : 6단 MT
휠 베이스 : 2,575mm	타이어 크기 : 앞 235/35 ZR19, 뒤 285/30 ZR20
엔진 : V형 6기통 슈퍼 차저 3,456cc	0→100km/h 가속 : 3.8초
최고출력 : 436PS(320kW)/7,000rpm	최고속도 : 305km/h
최대토크 : 440Nm/4,500rpm	탑승인원 : 2명

LOTUS

EXIGE SPORT 410

로터스 로터스의 특징인 「E」로 시작되는 차 이름을 갖고 있기는 하지만 유래는 확실하지 않다.

엑시지 스포츠 410

엑시지의 역사

레이스 전용 차량을 바탕으로 하는 엑시지는 2000년부터 2002년에 걸쳐 647대만 한정 생산된 「MK-1」으로부터 시작되었다. 시리즈의 시작이었던 MK-1은 최대출력 178마력의 로버 제품 1.8ℓ 직렬 4기통 엔진을 탑재하였고 무게가 불과 725kg에 불과했던 레이싱카 다운 스포츠카이다.

2004년에 발표된 2세대 「MK-2」부터는 탑재된 엔진이 토요타 제품의 1.8ℓ 직렬 4기통 엔진으로 바뀌었고, 2006년에는 슈퍼 차저를 탑재한 「엑시지 S」가 발표된다. 그리고 2011년 독일 프랑크푸르트 모터쇼에서 「에보라 S」와 똑같은 슈퍼 차저 방식의 토요타 3.5ℓ V6 엔진을 탑재한 현재 모델의 원조인 시리즈 3이 발표되었다.

레이스 전용 차량을 바탕으로 만든 쿠페 스타일의 스포츠카

2000년부터 제조되기 시작한 「엑시지」시리즈는 원 메이크 레이스(1차종으로만 다투는 레이스) 전용으로 65대만 생산된 「모터스포츠 엘리스(로드스터 타입)」를 바탕으로 해서 제작한 쿠페 스타일의 시판 경량 스포츠 모델이다. 이 「엑시지 스포츠 410」은 3세대 째에 해당하는 시리즈 3

의 최고 모델이다. 엑시지 스포츠 410은 「엑시지 컵」시리즈를 바탕으로 해서 서킷용으로 개발된 섀시나 서스펜션, 구동 시스템을 갖췄으며 최고출력 416마력을 발휘한다. 3.6ℓ · V6 슈처 차저 엔진을 탑재한 상태에서 1,100kg에 불과한 차체를 폭발적으로 가속한다.

스펙
SPECIFICATION

전장×전폭×전고 : 4,080×1,800×1,130mm	미션 : 6단 MT
휠 베이스 : 2,370mm	타이어 크기 : 앞 215/45 ZR19, 뒤 285/35 ZR18
엔진 : V형 6기통 슈퍼 차저 3,456cc	0→100km/h 가속 : 3.4초
최고출력 : 416PS(306kW)/7,000rpm	최고속도 : 290km/h
최대토크 : 410Nm/7,000rpm	탑승인원 : 2명

LOTUS

ELISE SPRINT 220

로터스

「엘리스」는 부가티 회장의 손녀인 「엘리자」에서 유래했다고 전해진다.

엘리스 스프린트 220

명차 에스프리의 계보를 잇는 로터스의 주력 모델

1995년 독일 프랑크푸르트 모터쇼에서 발표된 「엘리스」 시리즈는 탑재하는 엔진을 바꾸거나 가지치기 모델을 몇 번이고 바꿔가면서 현재의 모델에 이르고 있다. 엘리스라는 이름은 발표 당시에 로터스 주주였던 부가티 회장 손녀의 이름 「엘리제」에서 유래했다고 전해진다.

스펙 SPECIFICATION

전장×전폭×전고 : 3,800×1,720×1,130mm

엔진 : V형 4기통 1,798cc+SC

최고출력 : 220PS(162kW)/6,800rpm

최대토크 : 250Nm(25.4kgm)/4,600rpm

미션 : 6단 MT

0→100km/h 가속 : 4.5초

최고속도 : 233km/h

철저한 경량화

엘리스의 특징은 경량 스포츠카라고 불리듯이 철저한 경량화에 있다. 항공기 제조에 이용되는 접착제로 조립된 알루미늄 합금 제품의 욕조 프레임(Bathtub Frame)에 유리섬유(FRP) 제품의 보디를 조합하여 섀시를 만들어, 모든 시리즈 모델의 차량 무게가 1,000kg이 넘지 않는다. 개중에는 900kg이 안 되는 모델도 있다.

LOTUS

3-ELEVEN

로터스

3-일레븐 세계 한정으로 판매된 311대라는 숫자가 이름이 되었다.

V6 슈퍼 차저 엔진을 오픈 콕피트 보디에 탑재

2015년 굿우드 페스티벌 오브 스피드(영국의 모터스포츠 이벤트)에서 선보인 이래 2017년부터 세계에서 311대 한 정으로 판매된 「3-일레븐」은, 「군더더기는 없는 편이 좋 다」는 로터스의 콘셉트 하에, 엑시지를 바탕으로 도어나 앞 유리 등을 없애고 철저히 경량화와 주행성능을 추구한 모델이다.

스펙 SPECIFICATION

전장×전폭×전고 : 4,120×1,855×1,201mm

엔진 : V형 6기통 3,456cc+SC

최고출력 : 416PS(306kW)/7,000rpm

최대토크 : 410Nm(41.8kgm)/3,000rpm

미션 : 6단 MT

0→100km/h 가속 : 3.4초

최고속도 : 280km/h

빨리 달리는 것만을 위한 장비

엑시지를 바탕으로 한 알루미늄 제품 의 욕조 프레임 타입 섀시에 카본 소 재를 복합한 보디를 맞추었다. 도어나 앞 유리도 걷어내고 스포츠 주행에 필 요한 최소한의 장비만 남긴 3-일레븐. 공력 특성도 최대한으로 높여 토요타 제품의 3.5 ℓ V6 슈퍼 차저 엔진으로 압도적인 주행성능을 보여준다.

Alfa Romeo 알파 로메오

A.L.F.A(Anonima Lombarda Fabbrica Autmobili=롬바르다 자동차제조 주식
회사)라는 회사가 프랑스 다락 회사의 이탈리아 공장을 사들여 자동차 제조를
시작하고, 나중에 실업가 니콜라 로메오의 회사와 합병된다. 이 업체가 나중에
「알파 로메오」라는 이름으로 바뀌면서 제2차 세계대전 이전부터 다양한 레이스
에서 활약하였다. 지금도 이탈리아를 대표하는 자동차 메이커 가운데 하나이다.

Alfa Romeo 4C

알파 로메오

4C 4개의 실린더를 가진 4기통 엔진을 의미한다.

카본 섀시의 정통 미드십 모델

오랫동안 FF 모델만 만들었던 알파 로메오의 정통 미드십 스포츠카 4C이다. 소형으로 만들어진 차체에 240마력까지 튜닝한 1,742cc의 직렬 4기통 터보 엔진을 장착하였으며 1,050kg의 경량 보디를 경쾌하게 달리게 한다.

엔진

배기량은 1,750cc로 작은 편이지만 터보를 장착하여 240마력의 최고출력과 350Nm의 최대토크를 발휘한다.

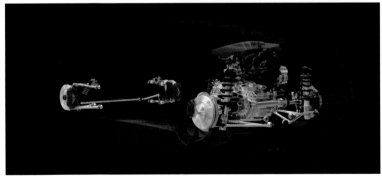

레이아웃

운전석과 뒷바퀴 축 사이에 배치하는 미드십 레이아웃을 통해 스포티한 핸들링*을 추구하고 있다.

스펙
SPECIFICATION

전장×전폭×전고 : 3,990×1,870×1,185mm

휠 베이스 : 2,380mm

엔진 : 직렬4기통 1,742cc

최고출력 : 240PS(177kW)/6,000rpm

최대토크 : 350Nm(35.7kgm)/2,000~4,000rpm

미션 : 6단 듀얼 클러치

타이어 크기 : 앞 205/45 R17, 뒤 235/40 R18

0→100km/h 가속 : −

최고속도 : −

탑승인원 : 2명

*핸들링 : 여기서는 핸들을 돌렸을 때의 응답성을 말한다.

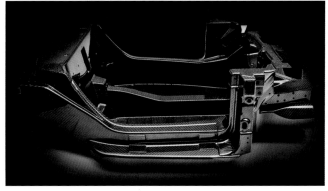
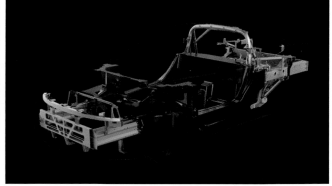

섀시

섀시의 센터에 해당하는 패신저 셀*은 레이싱 카와 똑같이 카본으로 만들어져 가벼우며 고강도를 자랑한다. 이 패신저 셀의 앞뒤로는 알루미늄 프레임이 장착되어 서스펜션이나 엔진과 결합한다. 보디 패널에는 저밀도 SMC(유리섬유 강화수지)를 사용하여 일반적인 강판으로 만들어진 보디보다 20% 정도 가볍다.

01 러기지** 스페이스** : 엔진 뒤쪽으로 110 ℓ 의 약간 큰 화물용 공간이 있다.

02 운전석 : D형 핸들을 사용하는 스포티한 운전석에는 액정표시 미터가 장착되어 있으며, 스위치 종류는 콘솔에 배치되어 있다.

03 시트 : 몸을 단단히 잡아주는 스포티한 디자인의 버킷 시트를 사용한다.

04 D.N.A 시스템 : D=Dynamics, N=Natural(노멀), A=All-weather 3가지 주행 모드를 가진 D.N.A 시스템은 센터 콘솔에 있는 실렉터 레버로 모드를 전환할 수 있다.

스타일링

세계에서 가장 아름다운 차 가운데 하나로 평가받는, 1967년에 18대만 만들어진 티보33/2 스트라달레를 모티브로 한 보디 디자인은 아름다움과 강렬함을 동시에 갖고 있다.

***패신저 셀** : 섀시에서 사람이 승차하는 부분으로 섀시에서는 핵심적인 부분이다.
러기지 : 차에 싣는 짐칸을 말한다.

알파 로메오
Spider 스파이더는 무게 중심이 낮은 자세가 마치 거미 같다고 해서 붙여진 오픈카를 의미한다.

4C 스파이더

미드십을 즐길 수 있는 오픈 카

4C의 오픈 보디 모델인 4C 스파이더는 소프트 톱을 간단히 분리할 수 있다. 4C보다 차체의 무게가 10kg 무겁기는 하지만 4C와 거의 똑같은 성능을 갖고 있다. 오픈 보디로 바뀌어 엔진 소리나 배기음이 더 직접적으로 느껴지기 때문에 4C라고 하는 차의 재미를 강하게 맛볼 수 있다는 점이 매력이다.

스타일링

4C 스파이더는 오픈 톱으로 바뀌면서 후방 주위가 전용으로 디자인됨으로써 쿠페와는 또 다른 인상의 아름다움을 보여준다.

지붕

지붕 부분은 탈착식 소프트 톱을 하고 있어서 접으면 짐칸에 넣을 수 있다.

스펙
SPECIFICATION

전장×전폭×전고 : 3,990×1,870×1,190mm
엔진 : 직렬 4기통 1,742cc
최고출력 : 240PS(177kW)/6,000rpm

최대토크 : 350Nm(35.7kgm)/2,100~4,000rpm
미션 : 6단 듀얼 클러치
타이어 크기 : 앞 205/45 R17, 뒤 235/40 R18

JAGUAR 재규어

재규어는 윌리엄 라이온즈와 윌리엄 웜슬리에 의해 영국에서 설립된 스왈로우 사이드카 컴퍼니라고 하는 회사가 시작이다. 이후 오리지널 자동차인 SS1과 SS2를 제조하기 시작하며 회사 이름을 SS카즈로 바꾼다. SS카즈는 「재규어」라는 이름을 차에 붙이기 시작하다가, 제2차 세계대전 후에는 회사 이름을 아예 「재규어 카즈」로 바꾸었다. 이후 여러 우여곡절을 거치다가 현재는 인도의 타타 모터스* 산하에 있다.

JAGUAR F-TYPE 400 SPORT

재규어
F타입 400 스포츠

*타타모터스 : 거대자본을 가진 인도의 자동차 회사. 「나노」라고 하는 저가의 소형차 제조로 유명하다.

재규어 전통의 스포츠 감성을 느끼게 하는 모델

영국 자동차 메이커 재규어가 제조하는 스포츠카 F타입은 쿠페와 컨버터블* 2가지 보디가 준비되어 있다. F타입은 올 알루미늄 제품의 보디를 가진 2인승 스포츠 모델이다. 여기서 소개할 차는 쿠페 보디로서, 400마력의 V형 6기통 슈퍼 차저** 엔진을 탑재한 「400 스포츠」라고 하는 특별 사양 차량이다. 롱 노즈·숏 데크***의 스타일은 스포츠카 제조를 특기로 했던 시대의 재규어 명차 E타입을 연상시킨다.

앞모습/뒷모습

앞쪽에서 보면 그릴 양쪽으로 설치된 인테이크가 이 차의 뛰어난 성능을 짐작하게 한다. 여기에 보디 라인에 흡수된 헤드램프를 통해 공력 성능까지 향상하고 있다. 후방 아래쪽으로 나온 2개의 배기관은 굵은 배기음을 뿜어낸다.

스펙
SPECIFICATION

전장×전폭×전고 : 4,480×1,925×1,315mm	미션 : 8단 오토매틱
휠 베이스 : 2,620mm	타이어 크기 : 앞 255/35 ZR20, 뒤 295/30 ZR20
엔진 : V형 4기통 3ℓ	0→100km/h 가속 : -
최고출력 : 400PS(294kW)/6,500rpm	최고속도 : -
최대토크 : 460Nm(46.9kgm)/2,100~4,000rpm	탑승인원 : 2명

*컨버터블 : 주로 미국에서 쓰이는 용어로서 오픈카를 의미한다.
**슈퍼 차저 : 크랭크축을 통해 직접 구동력을 얻어서 터빈을 돌림으로써 압축공기를 공급하는 장치.
***롱 노즈·숏 데크 : 앞부분이 길고 뒷부분이 짧은 보디 스타일.

엔진

전방에 배치되는 V형 6기통 엔진에는 슈퍼 차저를 장착해 최고출력 400마력, 최대토크 350Nm을 발휘한다. 이 V형 6기통 엔진에는 다르게 튜닝된 것도 있다. ZF* 제품의 8단 오토매틱을 매개로 엔진 출력을 타이어로 전달한다. 400 스포츠는 FR이지만 모델에 따라서는 사륜구동 방식도 선택할 수 있다.

배기관

중앙 하단부에 2개로 나온 배기관은 스포티한 느낌을 주기에 충분하다. V형 6기통 엔진의 강렬한 배기음을 즐길 수 있다.

타이어/휠/브레이크

20인치 크기의 타이어는 400 스포츠 전용으로 디자인된 알루미늄 휠과 세트를 이룬다. 브레이크 캘리퍼도 전용 제품으로 400 스포츠 로고가 들어가 있다.

스타일링

스포츠카다운 롱 노즈 · 숏 데크 스타일은 왕년의 명차 재규어 E타입을 떠오르게 한다.

*ZF : 독일의 자동차 부품제조 메이커로서 고성능 변속기로 특히 유명하다.

01 **운전석** : 실내는 검은 가죽에 노란 박음질이 들어가 있다. 핸들은 D자형을 채택.

02 **미터** : 클래식한 심플 스타일의 아날로그 미터 2개 사이로 액정 디스플레이가 배치되어 있다.

03 **시트** : 헤드레스트가 하나로 된 버킷 시트에는 400 스포츠 로고가 새겨져 있다.

04 **센터 콘솔** : 변속 레버 주위로 주행모드 전환 스위치, 주차 브레이크 스위치 등이 배치되어 있다.

재규어
F타입 프로젝트7

전설적인 레이싱카의 부활

F타입 컨버터블을 바탕으로 250대 한정으로 만들어진 「F타입 프로젝트7」은 1950년대에 르망 24시간 내구 레이스에서 3연속 우승한 전설의 레이싱카 재규어 D타입을 떠올리게 한다. 탑재되는 엔진은 슈퍼 차저가 장착된 5ℓ V형 8기통으로, 575마력을 발휘한다.

AUDI 아우디

벤츠의 공장장이었던 아우구스트 호르히가 설립한 자동차 메이커로서 DKW · 아우디 · 호르히 · 반더러 4회사가 합쳐진 자동차 연합(아우토 유니온) 브랜드이다. 벤츠 산하를 거쳐 현재는 폭스바겐 그룹에 속해 있다. 「콰트로」로 불리는 독자적인 사륜구동 시스템은 아우디를 대표하는 기술로 알려져 있다. 현재는 소형차부터 슈퍼카까지 폭넓은 차종을 제조하고 있다.

AUDI R8 Spyder

아우디

R8 스파이더 스파이더는 「거미」라는 뜻으로, 오픈카를 의미한다.

소프트 톱

소프트 톱을 접으면 엔진 위쪽 공간에 완전히 수납할 수 있다. 개폐에 걸리는 시간은 약 19초이다.

아우디가 자랑하는 콰트로 시스템을 탑재

아우디는 자체적인 기술을 쏟아 부어 2006년에 초대 R8을 발매했다. 현재 모델은 2016년에 모델 변경을 거친 2세대이다. V형 10기통 엔진을 아우디 스페이스 프레임*으로 불리는 알루미늄 제품의 차체에 장착하였으며 사륜구동 콰트로 시스템과 결합되어 있다.

미드십에 장착된 V형 10기통 엔진은 540마력의 최고출력과 540Nm의 최대토크를 발휘한다. 여기서 소개하는 오픈 보디 스파이더는 3.5초 만에 시속 100km까지 가속하며, 최고속도 318km를 자랑한다.

앞모습/뒷모습

앞모습은 그릴을 중심으로 아우디의 모든 모델에 공통 적용되는 디자인을 기본으로 하고 있다. 뒷모습을 보면 엔진 열을 배출하기 위한 대형 에어덕트가 설치된 것을 볼 수 있다.

스펙
SPECIFICATION

전장×전폭×전고 : 4,425×1,940×1,240mm	미션 : 7단 듀얼 클러치
휠 베이스 : 2,650mm	타이어 크기 : 앞 245/35 ZR19, 뒤 295/35 ZR19
엔진 : V형 10기통 5,204cc	0→100km/h 가속 : 3.5초
최고출력 : 540PS(397kW)/7,800rpm	최고속도 : 318km
최대토크 : 540Nm(55.1kgm)/6,500rpm	탑승인원 : 2명

*스페이스 프레임 : 차체 구조의 일종. 보디와 하나가 되는 모노코크와 달리 섀시, 캐빈, 엔진 룸 등을 포함한 입체적이고 독립적인 프레임 구조.

엔진

미드십에 탑재되는 엔진은 배기량 5,204cc의 V형 10기통이다. 최고출력 540마력에 최대토크 540Nm나 되는 슈퍼카에 어울릴 만한 성능이다. 스파이더는 덮개의 수납공간이 엔진 위에 위치하기 때문에 리어 엔드 부분의 커버를 열었을 때 필요한 최소한의 부위에만 손이 닿게 되어 있다.

운전석

간소한 디자인의 운전석은 아우디다운 기능성을 엿볼 수 있다. 핸들에는 엔진 시동 버튼이나 드라이브 모드의 선택 스위치가 배치되어 있다.

스타일링

소프트 톱은 커버 안으로 완전히 수납되어 오픈했을 때 보디라인을 아름답게 만들어 준다.

시트

시트 히터와 등받이를 움직일 수 있는 전동 리클라이닝을 갖춘 가죽시트는 고급스러움을 연출하면서도 스포츠 주행까지 의식한 디자인이다.

미터

미터 부분에는 12.3인치나 되는 대형 액정화면이 장착되어 있다. 이 액정화면에는 다양한 정보가 표시되는데, 필요에 따라 표시 방법을 바꿀 수 있다. 이 시스템은 「아우디 버추얼 콕핏」이라고 불린다.

아우디
R8 쿠페

취급 편리성과 고성능을 동시에!

R8은 기본 모델인 쿠페 보디를 하고 있다. 탑재되는 엔진은 스파이더와 동일한 V형 10기통 엔진이지만 610마력을 발휘한다. 콰트로 시스템으로 네 바퀴를 구동하며, 시속 330km의 최고속도를 자랑한다.

MASERATI 마세라티

마세라티의 3형제인 알피에리, 에토레, 어네스토가 이탈리아 볼로냐에서 엔지니어링 회사를 창업한 것이 마세라티의 시작이다. 곧바로 자신들의 차를 만들기 시작한 3형제는 1926년 타르가 플로리오라고 하는 유명한 레이스에서 승리한다. 멋진 스포츠카를 제조했던 마세라티지만 몇 번의 경영 변화를 거치다가 현재는 피아트 · 크라이슬러 오토모빌즈 산하에 있다.

MASERATI Gran Turismo/Gran Cabrio

마세라티 옛날 유럽 귀족 남성들은 마치 성인식을 치르듯이 「그랜드 투어링」이라고 하는 장거리 여행을 떠났었다. 현재는 쾌적하고 안정된 주행이 가능한 자동차라는 의미로 사용되고 있다.

마세라티 그란 투리스모/그란 카브리오

마세라티 3형제의 단합의 증거

그란 투리스모는 마세라티가 제조하는 4인승 스포츠 쿠페이고, 그란 카브리오는 오픈 보디 타입이다. 2007년부터 10년 이상 큰 폭의 모델 변경 없이 제조되어온 이 차는 개량을 거듭하면서 완성도를 높여 왔다.
전방에 장착되는 엔진은 배기량 4,691cc의 V형 8기통에 460마력의 최고출력을 발휘한다. 프런트 그릴에 들어가는 엠블럼은 바다의 신 포세이돈*이 사용하는 삼지창에서 유래한 것으로, 창업인인 마세라티 3형제의 결속을 나타내는 것이라고 한다.

차종

각각의 그란 투리스모, 그란 카브리오에 기본형인 「스포츠」와 성능이 더 높은 「MC」 2가지 차종이 있다.

스펙
SPECIFICATION

전장×전폭×전고 : 4,920×1,915×1,353mm

휠 베이스 : 2,942mm

엔진 : V형 8기통 4,691cc

최고출력 : 460PS(338kW)/7,000rpm

최대토크 : 520Nm(53.0kgm)/4,750rpm

미션 : 6단 오토매틱

타이어 크기 : 앞 245/35 ZR20, 뒤 285/35 ZR20

0→100km/h 가속 : 4.7초

최고속도 : 301km

탑승인원 : 4명

***포세이돈** : 그리스 신화에 등장하는 바다의 신. 항상 삼지창을 들고 있다. 마세라티가 설립된 볼로냐의 상징이기도 하다.

BMW 비엠더블류

BMW i8

비엠더블류

i8 「8」이라는 숫자는 BMW의
쿠페나 카브리올레에 붙인다.

주행성능과 환경성능을 양립한,
차세대 플러그인 하이브리드 스포츠

2013년 9월에 독일 프랑크푸르트 모터쇼에서 처음 공개된 「i8」은 리어 미드십에 1.5 ℓ · 직렬 3기통 트윈 터보 엔진을 탑재하고, 앞바퀴 구동을 위해 모터를 탑재한 플러그인 하이브리드 방식의 스포츠카이다.

전장 4,690mm, 휠 베이스가 2,800mm나 될 만큼 차체가 큰데도 계열사의 「MINI」와 똑같은 1,498cc의 다운사이징 엔진을 탑재한 이유는 스포츠카이면서도 소형차 정도의 연비 성능, 지구환경을 배려한 배출가스 감소를 실현하기 위해서이다. 하지만 다운사이징 엔진만으로는 스포츠카의 조건을 만족할 만한 출력을 얻을 수 없어서 제2의 구동 시스템으로 토크가 큰 전기 모터를 사용하고 있다. i8은 2013년에 쿠페가 먼저 발표되었고, 2017년에 오픈 타입인 로드스터가 발표되었다.

1916년에 설립된 BMW는 메르세데스 벤츠, 아우디와 어깨를 나란히 하는 독일의 거대 자동차 메이커이다. BMW라는 이름은 「바이에른 발동기 제조소 (Bayerische Motoren Werk)」의 머리글자에서 따온 것이다. 자동차는 주로 4도어 세단을 중심으로 제조하고 있지만, 「박차고 나가는 재미」라는 BMW의 기본 정신에 기초하여 라인업 하는 모델에 스포티한 성능과 디자인을 부여하고 있다.

시저스 도어

i8은 BMW 자동차 가운데 처음으로 시저스 도어를 사용하고 있다. 람보르기니 등과 같은 슈퍼카에서 많이 사용하는 시저스 도어는 오픈 방식이 나비의 날개처럼 열린다고 해서 「버터플라이 도어」로 부르기도 한다.

i8 로드스터

2017년에 추가된 「i8 로드스터」는 쿠페의 뒷좌석에 해당하는 부분을 소프트 톱 수납공간으로 만들었기 때문에 2인승으로 바뀌었다. 이 소프트 톱은 i8 로드스터 전용으로 개발된 「수직 접이 방식」의 수납 시스템을 통해, 시속 50km 이하로 달리면서 불과 16초 만에 자동 개폐가 가능하다. 우측 사진은 소프트 톱을 연 상태의 개방된 운전석 모습이다.

출력 장치 구조

드라이브 모듈
무게가 나가는 배터리를 섀시의 구동 시스템 사이에 탑재하여 무게의 배분을 최적화하였다.

전기 모터
프런트 휠을 구동하는 모터는 단독으로 최고출력 131마력, 최대토크 250Nm을 발휘한다. 모터로만 달리는 EV주행 때는 최고속도가 시속 120km까지 나온다.

트윈 파워 터보 엔진
리어 미드십에 탑재하는 1.5ℓ 직렬 3기통 BMW 트윈 파워 엔진은 엔진 단독으로 최고출력 231마력을 발휘한다.

충전
i8 배터리는 외부에 설치된 충전소 외에 전용 충전 케이블 등을 사용하여 집에서도 간단하게 충전할 수 있다.

스펙(쿠페)
SPECIFICATION

전장×전폭×전고 : 4,690×1,940×1,300mm

휠 베이스 : 2,800mm

엔진 : 직렬 3기통 트윈 터보 1,498cc+PHEV

최고출력 : 362PS/5,800rpm(시스템 전체)

최대토크 : 570Nm/3,700rpm(시스템 전체)

미션 : 6단 오토매틱

타이어 크기 : 앞 195/50 R20, 뒤 215/45 R20

0→100km/h 가속 : 4.4초

최고속도 : –

탑승인원 : 4명

NISSAN 닛산

요코하마에 본사가 있는 「닛산」은 일본을 대표하는 자동차 메이커 가운데 하나이다. 프랑스 「르노」, 일본 「미쓰비시」와 파트너십(협력) 관계를 맺고 있다. 「스카이라인」이나 「페어레이디 Z」등과 같은 전통이 있는 스포츠카를 지금도 생산하고 있으며, 그 최고봉에 있는 차가 여기서 소개하는 「GT-R」이다.

NISSAN GT-R

닛산

GT-R

닛산을 대표하는 스포츠카 「스카이라인 GT-R」

일본을 대표하는 스포츠카 가운데 하나

2007년 10월에 개최된 제40회 도쿄 모터쇼에서 발표된 「GT-R」은 쿠페 스타일의 스포츠카이다. 닛산 스포츠카를 대표하는 「스카이라인 GT-R」의 후속 차량인 동시에 같이 라인업 되는 「스카이라인」과는 별도로 개발되었기 때문에 스카이라인 명칭을 붙이지 않았다.

엔진은 3.8 ℓ · V형 6기통 트윈 터보 엔진을 탑재한다. 크고 작은 모델 변경을 반복할 때마다 최고출력을 480마력에서 485마력, 530마력, 550마력, 570마력으로 끌어올렸다. 레이스에서 활약하는 GT-R 바탕의 경주차량 「GT-R NISMO」는 600마력을 발휘한다.

장인(숙련된 엔지니어)의 기술로 조립하는 엔진

엔진

GT-R에 탑재되는 3.9ℓ·V형 6기통 트윈 터보 엔진은 최고출력 570마력(GT-R 니스모는 600마력), 최대토크 637Nm(GT-R 니스모는 652Nm)를 발휘하는 강력한 엔진이다. 이 엔진은 먼지나 티끌이 없는 깨끗한 작업실에서 한 사람의 장인이 변속기와 함께 조립한다. 그것을 증명하기 위해 GT-R의 엔진에는 엔진마다 그 엔진을 조립한 장인의 이름을 각인한 플레이트를 붙인다.

인테리어

GT-R의 인테리어는 시트나 핸들, 인스트루먼트 패널 등에 고품질 가죽을 사용하여 스포츠카이면서도 고급차에 필적할만한 완성도를 보여준다. 센터 콘솔 주변에 배치된 각종 조작 스위치들은 직감적으로 조작할 수 있도록 간략하게 배치되었으며, 핸들에 장착된 패들 시프트의 조작 감각에도 공을 들였다. 미터 패널 내의 속도계와 회전계는 둘 다 아날로그 방식이고, 속도계에 표시된 속도 상한선은 시속 340km이다.

GT-R의 활약

스포츠카로 뛰어난 성능을 가진 GT-R은 「슈퍼 GT」나「FIA GT」등의 경기용 차량으로 활약하는 것 외에도 레이스 대회의 오피셜 세이프티 카(레이스를 안전하게 진행하기 위해 상황에 따라 경기 차량을 선도하는 차)로도 사용되고 있다. 또한 뛰어난 기동력 때문에 고속도로 교통 경찰대의 패트롤 카로 사용하는 경찰도 있다.

스펙
SPECIFICATION

전장×전폭×전고 : 4,710×1,895×1,370mm

휠 베이스 : 2,780mm

엔진 : V형 6기통 3,799cc

최고출력 : 570PS/6,800rpm

최대토크 : 637Nm/3,300~5.800rpm

미션 : 6단 듀얼 클러치

타이어 크기 : 앞 255/40 ZRF20, 뒤 285/35 ZRF20

0→100km/h 가속 : −

최고속도 : −

탑승인원 : 4명

TOYOTA GR Super Sport Concept

토요타

GR 슈퍼 「GAZOO RACING」의 머리글자이다.
스포츠 콘셉트

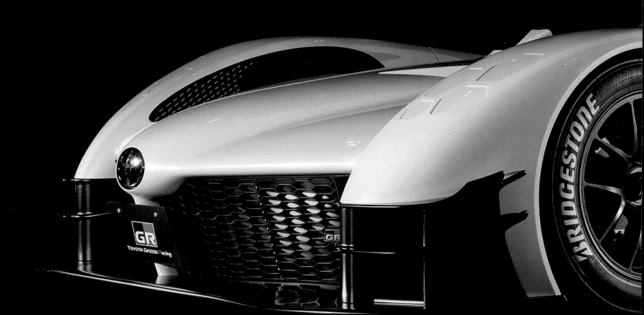

토요타시(市)에 본사가 있는 「토요타」는 엄청난 판매량을 자랑하는 일본의 자동차 메이커이다. 그 역사는 직물 기계 제작소 안에 자동차를 제조하는 부서가 만들어진 1933년부터 시작된다. 오늘날에 이르러 소형 대중차량부터 고급자동차, 대형 트럭 그리고 스포츠카까지 모든 종류의 자동차를 제조, 판매하고 있다.

레이싱 머신에 버금가는 슈퍼 스포츠카

2018년 1월 도쿄 오토살롱에서 발표되었던 「GT 슈퍼 스포츠 콘셉트」는 일반 판매를 목표로 개발 중인 레이싱 카급 성능을 가진 스포츠카 콘셉트 모델*이다. 이름 앞에 붙은 「GR」은 토요타의 모터스포츠 팀인 「GAZOO RACING」의 머리글자이다.

개발 중인 콘셉트 카이기 때문에 상세한 스펙은 미확정이지만 2018년 6월에 프랑스 르망 24시간 레이스 회장에서 다시 공개되었을 때는 FIA 세계 내구선수권에 참전하고 있는 레이싱 머신 「TS050 하이브리드」와 거의 비슷한 주요 부품으로 구성해 시판을 염두에 두고 개발에 착수했다고 발표한 바 있다.

*콘셉트 모델 : 발매 계획 여하에 상관없이 메이커가 추구하는 자세나 형태를 나타내는 모델이다. 방문객이나 미디어의 반응을 파악하여 나중에 실제로 판매할 때도 있지만, 똑같은 형태로 나오지는 않는다.

1,000마력을 뿜어내는 출력 장치를 탑재

발표된 차량의 개요

「GR 슈퍼 스포츠 콘셉트」는 FIA 세계선수권에서 단련된 2.4ℓ · V형 6기통 트윈 터보차저를 장착한 엔진 외에 토요타 하이브리드 시스템 레이싱 (THS-R)의 모터를 합친 출력 장치로서 최고출력 1,000마력을 발휘한다고 발표했다.

차체

「GR 슈퍼 스포츠 콘셉트」의 차체를 개발하는데 바탕이 된 하이브리드 레이싱카 「TS050 하이브리드」와 동급인 첨단 에어로 다이내믹스를 이용한다. 공개된 콘셉트 모델도 레이싱카 같은 스타일을 하고 있다.

TOYOTA

GR Supra Racing Concept

토요타 GR 수프라 레이싱 콘셉트

롱 노즈 · 숏 데크를 한 정통 스포츠카

2018년 스위스 제네바 모터쇼에서 세계 최초로 공개된 「GR 수프라 레이싱 콘셉트」는 2002년에 생산 중지된 토요타의 플래그십 스포츠 모델 「수프라」를 레이싱카로 부활시킨 콘셉트 모델이다. GR 수프라는 레이싱카 사양의 콘셉트 모델이지만 일반도로 사양의 자동차 개발도 동시에 진행하고 있어서 애호가들의 마음을 설레게 하고 있다.

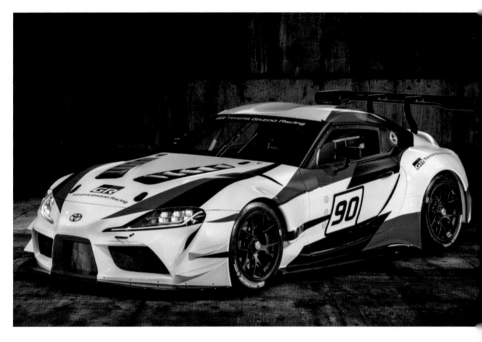

롱 노즈 · 숏 데크의 정통 스포츠카 스타일인 「GR 수프라 레이싱 콘셉트」는 프런트 엔진 · 리어 드라이브의 2도어 쿠페이다. 이 콘셉트 모델에 탑재되는 상세한 엔진 스펙에 대해 정식으로 발표된 것은 없다.

스펙 SPECIFICATION

전장×전폭×전고 : 4,575×2,048×1,230mm

휠 베이스 : 2,470mm

엔진 : −

최고출력 : −

미션 : 6단 듀얼 클러치

타이어 크기 : 앞 30/68-18, 뒤 31/71-18

0→100km/h 가속 : −

최고속도 : −

A **ALPINE**
알피나

프랑스의 자동차 메이커인 「알피나」는 1957년에 랠리 드라이버였던 장 레델이 설립한 회사이다. 알피나는 「르노」의 자동차를 바탕으로 경량 FRP 보디를 사용한 자동차를 제조하였으며, 레이스용으로 많은 차량을 개조하여 랠리 레이스나 르망 24시간 레이스 등에서 활약했다. 1973년에 르노의 자회사인 「알피나·르노」가 된 이후 1995년에 브랜드의 명맥이 한 번 끊겼다가 2017년에 새로운 모델과 함께 부활하였다.

ALPINE A110

알미나
알피나 **10** 레이스에서 활약했던 왕년의 명차 「A110」에서 유래된 이름.

왕년의 명차를 현대적으로 되살린 모델

2016년에 프랑스의 자동차 메이커 「르노」는 「알피나」브랜드의 부활계획을 발표하면서, 콘셉트 카 형태로 신형 스포츠카 「알피나 비전」을 공개하였다. 그리고 다음 해에 스위스 제네바 모터쇼에서 알피나 브랜드 부활 제1탄인 신형 「A110」을 발표한 뒤 유럽 각국에서 사전 판매를 시작하였다.

이 신형 A110은 1963년에 등장했던 FRP* 소재 경량 소형 보디를 뒷바퀴로 구동하여 수많은 랠리 레이스에서 활약했던 오리지널 「A110」의 이름과 디자인, 설계 원칙이나 주행 성능을 현대적으로 계승한 스포츠카이다.

*FRP : 「Fiber-Reinforced Plastics」의 약어로, 유리섬유나 탄소(카본)섬유 등을 넣어 강도를 향상한 플라스틱 복합소재이다. 단순히 「FRP」라고 할 때는 유리섬유인 GFRP(G, Glass)를 가리키고, 「카본」이라고 할 때는 「CFRP(C, Carbon)」를 가리키는 경우가 많다.

극도로 추구한 경량화

알루미늄 보디

오리지널 A110은 경량화를 위해 보디에 FRP를 사용했지만, 신형 A110의 96%는 알루미늄 제품의 경량 보디가 사용되어 뛰어난 강성 확보와 경량화를 이루었다.

인테리어

보디와 마찬가지로 경량화에 주력한 인테리어. 미터는 액정 디스플레이에 아날로그 방식의 미터를 표시하는 타입이고, 대시 패널 가운데에는 7인치 멀티 펑션 터치 스크린이 배치되어 있다. 센터 콘솔에는 실렉터 레버가 있어서 「D(Drive)」, 「N(Neutral)」, 「R(Reverse)」3개 버튼으로 각 레인지를 전환할 수 있다. 경량 모노코크 버킷 시트는 개당 무게를 13.1kg으로 억제했다(차종에 따라 차이가 있다).

*레인지 : 자동변속기(AT) 자동차에서 변속 레버의 조작 위치를 나타낸다.

A110 GT4

유럽에서 신형 A110이 사전 판매된 다음 해에 열린 스위스 제네바 모터쇼에서 알피나는 GT4 카테고리*에 속하는 레이싱카 「A110 GT4」를 발표하였다.

A110(오리지널)

신형 A110의 모델이 된 오리지널 A110은 차량 무게가 730~840kg으로, 상당히 가벼운 RR(Rear engine · Rear drive) 차이다. 세계 각국의 톱 드라이버가 다투는 몬테카를로 랠리에서는 A110의 뛰어난 주행 성능이 위력을 발휘하면서 시상대를 독점할 때도 있었다.

스펙
SPECIFICATION

전장×전폭×전고 : 4,205×1,800×1,250mm

휠 베이스 : 2,420mm

엔진 : 터보 차저 직렬 4기통 1,798cc

최고출력 : 252PS/6,000rpm

최대토크 : 320Nm/2,000rpm

미션 : 7단 AT

타이어 크기 : 앞 205/40 R18, 뒤 235/40 R18

0→100km/h 가속 : 4.5초

최고속도 : 250km/h

탑승인원 : 2명

*GT4 카테고리 : 사륜 모터스포츠인 GT(그랜드 투어러)카의 카테고리 가운데 하나이다. 이 카테고리에는 A110 GT4 외에도 「로터스 에보라」나 「맥라렌 570S」, 「아우디 R8」, 「포르쉐 997」등이 포함되어 있다.

CHEVROLET

쉐보레

「쉐보레」는 미국의 자동차 메이커인 「GM(General Motors)」이 제조 · 판매하는 「뷰익」 「캐딜락」 「GMC」등과 같은 자동차 브랜드 가운데 하나이다. 쉐보레 라는 이름은 GM의 레이싱 드라이버였던 루이 쉐보레에서 유래한 것이며, 「나비 넥타이」로도 불리는 엠블럼은 GM 창업자인 윌리엄 듀런트가 디자인한 것이다. 쉐보레는 대형 픽업트럭부터 SUV, 세단, 스포츠카 등 다양한 차종을 만들고 있다.

CHEVROLET Corvette

쉐보레
콜벳 군함 종류 가운데 하나인 「콜벳(초계함)」에서 유래했다고 한다.

미국을 대표하는 역사를 지닌 스포츠카

「콜벳」의 역사는 1953년에 공개된 프로토타입부터 시작하여 1954년~1962년의 초대 「C1형」, 1963년~1967년의 「C2형」, 1968년~1982년의 「C3형」, 1983년~1996년의 「C4형」, 1997년~2004년의 「C5형」, 2005년~2013년의 「C6형」으로 크게 모델 변경을 거듭하다가, 7세대에 해당하는 현재의 「C7형」에 이르고 있다.

2인승·2도어 오픈 모델로 등장한 초대부터 기본은 달라지지 않았지만 현재는 컨버터블과 쿠페를 주축으로 하는 가지치기 모델이 늘어난 상태이다. 콜벳에 탑재되는 엔진은 6.2ℓ나 되는 큰 배기량의 V형 8기통 엔진으로 현재는 대부분 엔진의 밸브 장치에 DOHC(Double Over Head Camshaft)를 적용하고 있다. 한때는 DOHC를 적용하다가도 다시 OHV(Over Head Valve)를 적용하기도 했었다.

강력한 V8 엔진과 충실한 장비를 구비

01 엔진 : 현재의 콜벳은 6.2ℓ · V형 8기통 엔진을 탑재하고 있다. 여기에 슈퍼 차저를 장착한 엔진은 659마력을, 자연흡기 엔진은 466마력을 발휘한다.

02 머플러 엔드 : 배기 머플러 팁이 번호판 아래로 가지런히 배치되어 있다.

03 운전석 : 스티어링 핸들은 레이싱카를 연상시키는 플랫 보텀*(Flat Bottom)이다. 각종 스위치는 운전자가 쉽게 조작할 수 있는 위치에 모여 있으며, 최소한의 시선이동으로 정보를 확인할 수 있는 헤드업 디스플레이를 탑재하고 있다.

04 시트 : 고품질 양가죽(일반적인 표피 가죽보다 부드럽고 유연성을 향상한 표피)을 사용한 GT 버킷 시트를 사용한다.

05 변속기 : 변속기는 8단 AT(오토매틱 트랜스미션) 외에 클러치 페달과 변속 레버로 변속하는 7단 MT(매뉴얼 트랜스미션)도 선택할 수 있다. 변속 레버 뒤에 있는 다이얼을 조작하면 「날씨」「에코」「투어」「스포츠」「트랙」 5가지의 운전 모드를 변경할 수 있다.

*플랫 보텀(Flat Bottom)** : 아래쪽이 평행하게 절단된 스티어링 핸들. 운전석이 좁은 포뮬러 카 등을 운전할 때 다리가 스티어링 핸들에 닿아서 조작에 방해를 주지 않도록 아래쪽을 절단한다.

시대마다 개성이 바뀌어 온 역대 콜벳

콜벳은 일정 시기마다 큰 모델 변경을 반복해 오면서 현재 모델에 이르고 있다. 여기서는 현재 모델 이전에 라인업 되 었던 역대 콜벳 가운데 대표적인 모델이나 강렬한 개성(디 자인)을 발산했던 모델 일부를 연식과 함께 소개하겠다.

01 **1953년** : C1형 콜벳
02 **1957년** : C1형 콜벳
03 **1960년** : C1형 콜벳
04 **1961년** : C1형 콜벳 · Mako Shark(콘셉트 모델)
05 **1969년** : C3형 콜벳 · Manta Ray(콘셉트 모델)
06 **1997년** : C5형 콜벳
07 **2006년** : C6형 콜벳

스펙
SPECIFICATION

전장×전폭×전고 : 4,515×1,970×1,230mm

휠 베이스 : 2,710mm

엔진 : V형 8기통 6,153cc

최고출력 : 466PS/6,000rpm

최대토크 : 630Nm/4,600rpm

미션 : 7단 MT

타이어 크기 : 앞 285/30 ZR19, 뒤 335/25 ZR20

0→100km/h 가속 : −

최고속도 : −

탑승인원 : 2명

APOLLO 아폴로

「아폴로」는 예전에 아우디 스포츠(아우디의 스포츠카 브랜드)의 디렉터였던 로랜드 군페르트가 설립하였다. 「군페르트 슈포르트바겐」이라는 스포츠카 메이커가 모체이며 독일 덴켄도르프에 본사를 둔 새로운 스포츠카 메이커이다.

APOLLO IE

아폴로
IE 이탈리아어로 「강렬한 감정」의미하는 「Intensa Emozione」의 머리글자를 딴 이름이다.

강호의 고수들에 맞서는 새로운 하이퍼카

2017년 10월에 발표된 아폴로 「IE」는 이탈리아어로 「강렬한 감정」을 의미하는 「Intensa Emozione」의 머리글자를 따온 것이다. 메르세데스 AMG의 「프로젝트 원」이나 애스턴 마틴의 「발키리」, 부가티의 「시론」등과 같은 강호 라이벌에 대적하기 위해 개발된 하이퍼카이다.
이탈리아 엔진 메이커인 「Autotecnica Motori*」와 공동으로 개발한 슈퍼 차저나 터보 차저가 없는 자연흡기 6.3ℓ · V12 기통 엔진을 미드십에 장착하였으며 최고출력 790마력과 최대토크 760Nm을 발휘한다.

*Autotecnica Motori : 유럽 F3 · F4 레이스, 투어링카 선수권, 랠리카 선수권에 참전하는 팀의 엔진을 다수 개발하는 회사이다.

강렬한 다운포스를 끌어내는 거대한 리어윙

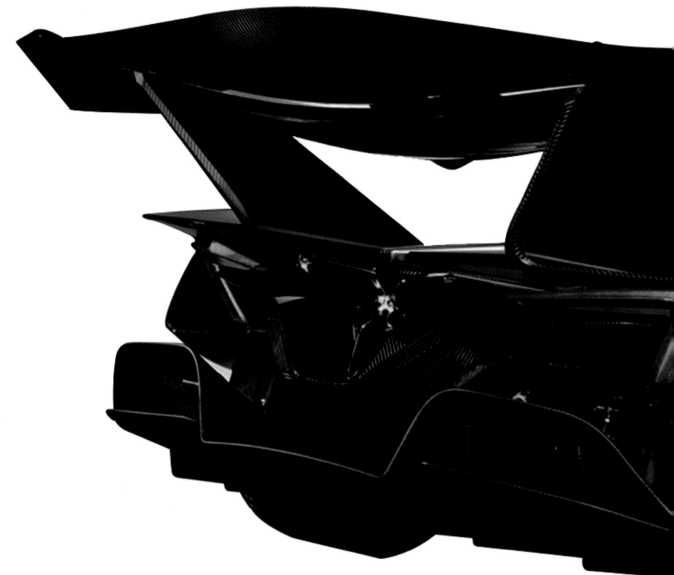

리어윙

유달리 거대한 리어윙과 보디 각 부위에 설치된 에어로 파츠를 통해 시속 300km로 달릴 때 1,350kg의 다운포스를 끌어낸다.

*다운포스 : 차체가 노면과 밀착되는 방향으로 발생하는 힘. 고속주행이나 코너주행 때 강력한 다운포스를 이끌어내 차체를 노면에 밀착시킴으로써 차체가 뜨는 것을 방지하며, 동시에 타이어의 그립력을 높여주므로 주행 안정성이 좋아진다.

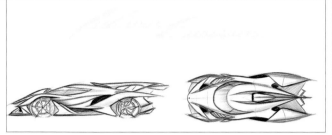

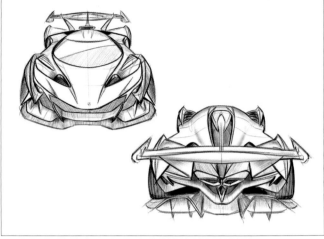

디자인 스케치

공력 특성을 감안해서 그린 디자인 스케치는 미래의 자동차 같아 보이기도 한다.
실제 차량도 스케치 형상을 거의 그대로 표현하고 있다.

인테리어

IE의 인테리어는 정열적인 적색을 기조로 하고
있다. 밀착성이 높은 고정식 시트는 운전자의 체
형에 맞게 만들어 주는 주문방식이다. 스티어링
핸들에는 방향지시기나 라이트 등의 조작 스위
치가 배치되어 있으며, 그 뒤쪽에 설치된 핸들로
6단 시퀀셜 변속기를 조작한다.

포뮬러 카를 방불케 하는 섀시

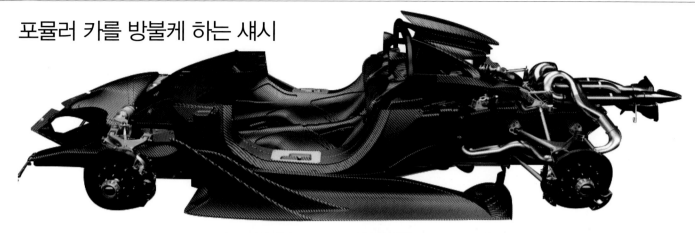

섀시

단독 무게가 105kg밖에 안 되는 섀시는 앞뒤 서브 프레임까지 포함한 전체가 카본 파이버 제품인 욕조형 섀시이다.

서스펜션

앞뒤 서스펜션은 푸시로드 방식의 더블 위시본*형식을 적용하고 있다. 배기 머플러 형태도 눈길을 끌기 충분하다.

스펙
SPECIFICATION

전장×전폭×전고 : 5,066×1,995×1,130mm	미션 : 6단 시퀀셜
휠 베이스 : 2,700mm	타이어 크기 : 앞 265/35 R20, 뒤 325/30 R21
엔진 : V형 12기통 6,300cc	0→100km/h 가속 : 2.7초
최고출력 : 790PS/8,500rpm	최고속도 : 335km/h
최대토크 : 760Nm/6,000rpm	탑승인원 : 2명

*더블 위시본 : 자동차에 장착되는 서스펜션 형식 가운데 하나. 상하 한 쌍의 암에 의해서 타이어를 지지하는 형식으로, 노면과 타이어 접지 면적의 변화를 줄여서 그립력이 안정되도록 하기 때문에 세세한 세팅이 가능하다. 레이싱 카에서 많이 사용한다.

Donkervoort 돈커부트

1978년에 설립된 「돈커부트」는 수작업으로 스포츠카를 생산하는 네덜란드의 자동차 메이커이다. 창업자 요프 돈커부트는 로터스 창업자인 「콜린 채프먼」을 존경하여 로터스의 「로터스 세븐」을 키트 카로 수입·판매하고 있었다. 그런데 네덜란드 국내의 안전기준에 세븐이 적합하지 않게 되면서 안전기준을 만족시킬 로터스 세븐 같은 새로운 스포츠카 개발에 착수하여 최초의 모델인 「S7」을 만들게 된다.

Donkervoort D8 GTO-S

돈커부트

D8 GTO-S

「D8」은 초대 「S7」과 똑같은 코드 네임, 「GTO」는 「Grand Turismo Omologata」를 나타내는 것으로 알려져 있다.

돈커부트가 생산하는 스포츠카는 기본적으로 개발 소스인 「로터스 세븐」과 마찬가지로 탑승인원이 2명인 오픈 모델이다. 돈커부트가 내세운 「타협하지 않는다」는 정책대로, 스포츠카에 필요한 성능을 끌어내는 장비 외에는 일체 배제하여 가볍고 운동성이 뛰어난 섀시에 고성능 엔진을 탑재하고 있다. 「D8 GTO-S」는 더 과격한 운동 성능을 발휘하는 「GTO」를 일반도로에서 쉽게 다룰 수 있도록 서스펜션 세팅이나 각 부위의 사양을 변경한 모델이다.

뛰어난 엔진을 탑재하고 성능을 높인 최신 모델

돈커부트의 「D8 GTO-S」는 최초 모델인 「S7」을 바탕으로 진화시켜 온 최신 모델이다. 돈커부트 차량은 1998년까지 포드 제품의 엔진을 탑재했지만 1999년부터는 아우디 엔진을 탑재하게 되었다. 최신 모델인 D8 GTO-S는 「국제 엔진 상(International engine of the year*)」의 2~2.5 ℓ 카테고리에서 9년 연속으로 베스트 엔진 상을 수상한 「2.5 TFSI」를 탑재하고 있다.

스펙 **SPECIFICATION**		
	전장×전폭×전고 : 5,066×1,995×1,130mm	미션 : 5단 MT
	휠 베이스 : 2,700mm	타이어 크기 : 앞 225/45 17, 뒤 235/40 17
	엔진 : 직렬5기통 2,480cc	0→100km/h 가속 : 3.3초
	최고출력 : 345PS/5,400rpm	최고속도 : 255km/h
	최대토크 : 450Nm/2,000rpm	탑승인원 : 2명

*International engine of the year : 시판 자동차에 탑재되는 뛰어난 엔진을 매년 선출해서 주는 상이다. 영국의 출판사가 주최하고, 세계 각국의 자동차 평론가나 저널리스트의 투표를 거쳐 선출된다.

돈커부트 최강의 고성능 모델

돈커부트의 「D8 GTO-RS」는 원천 모델인 「D8 GTO」의 성능을 더욱 향상시킨 특별한 모델이다. 이름 뒤에 붙는 「RS」는 2004년과 2006년에 뉘르부르크링*에서 주행 기록**(Lap Record)을 수립한 선대 모델 「D8 270RS」로부터 물려받은 것이다. 일반 모델 40대, 카본 모양이 비치는 「베어 네이키드 카본 에디션(Bare Naked Carbon Edition)」15대, 「레이스」 10대가 판매되자마자 즉시 완판되었다.

*뉘르부르크링 : 독일 북서부에 있는 서킷. 「북쪽 코스」와 「GP 코스」2군데가 있으며, 뉘르부르크링이라고 할 때는 일반적으로 슈퍼카나 시판 차량의 개발 테스트 때 사용하는 북쪽 코스를 가리키는 경우가 많다.

엔진

개발 원천이었던 로터스 세븐과 마찬가지로 앞쪽에 엔진을 탑재하고 뒷바퀴를 구동한다. 「D8 GTO-RS」는 최대출력 386마력, 최대토크 500Nm을 발휘하는 아우디 제품의 2.5ℓ·직렬 5기통 TFSI 엔진을 사용하는데, 696kg에 불과한 차체를 레이싱카 처럼 가속한다.

전장×전폭×전고 : 3,833×1,850×1,122mm

휠 베이스 : 2,340mm

엔진 : 직렬 5기통 2,480cc

최고출력 : 386PS/5,500rpm

최대토크 : 500Nm/1,750rpm

미션 : 5단 MT

타이어 크기 : 앞 225/45 17, 뒤 245/40 18

0→100km/h 가속 : 2.7초

최고속도 : 280km/h

탑승인원 : 2명

**주행 기록(Lap Record) : 「랩(Lap)」이란 서킷이나 코스를 한 바퀴 도는데 걸리는 시간 「랩 타임」을 나타내며, 「레코드」는 기록을 의미한다. 랩 레코드라고 할 때는 그 서킷에서 작성한 가장 빠른 기록을 가리킨다.

RIMAC 리맥

2008년에 설립된 「리맥」은 크로아티아에 있는 EV(전기자동차) 메이커이다. 창업자인 메이트 리맥이 오래된 BMW에 모터와 배터리를 장착하고는 최고출력 600마력, 최대토크 900Nm, 0-100km/h 가속 3.3초의 차를 제작한 것이 계기가 되어 탄생하였다. 리맥은 자체적으로 고성능 EV 스포츠카를 개발 · 제조 · 판매하며 그 외에 다른 자동차 메이커에도 배터리, 모터, 기어박스 등을 공급하는 기술 제공 사업도 병행하고 있다.

RIMAC C_Two

리맥

C_Two 선대 모델 「콘셉트 원」에 이은 「C(콘셉트) 투」

부가티 「시론」에 필적할만한
고성능 사양의 EV 하이퍼 카

2018년에 스위스 제네바 모터쇼*에서 발표된 「C_Two」는 2011년 독일 프랑크푸르트 모터쇼**에서 발표되었던 「콘셉트 원」의 후속 차량에 해당하는 모델이다. 모터로만 주행하는 완전한 전기 자동차인 콘셉트 원은 최고출력 1,241마력, 최대토크 1,600Nm, 최고속고 시속 350km, 0-100km/h 가속 2.5초라고 하는 페라리의 「라페라리」나 맥라렌의 「P1」등의 하이브리드 슈퍼카에 필적할만한 또는 능가하는 모델로서 일반도로 사양이 8대, 서킷 전용 모델이 2대 생산되었다.

그리고 새롭게 발표된 C_Two는 최고출력 1,941마력, 최대토크 2,300Nm, 최고속도 시속 412km, 0-96km/h 가속 1.85초라고 하는, 부가티 「시론」에 버금가는 성능을 가진 하이퍼 카이다. 첫해 예정된 생산 대수 150대는 1개월도 되기 전에 모두 완판되었다.

***제네바 모터쇼** : 스위스 제네바에서 매년 봄에 개최되는 세계 5대 모터쇼 가운데 하나.
****프랑크푸르트 모터쇼** : 독일 프랑크푸르트에서 2년마다 개최되는 세계최대의 모터쇼.

운전석

가죽을 사용한 핸들과 시트의 운전석. 미터 패널에는 고화질 TFT 모니터를 사용한다. 이 모니터는 센터 콘솔의 터치스크린 조작 패널이나 알루미늄을 가공하여 만든 다이얼식 스위치로 다양하게 조작할 수 있다.

ADAS(고도 운전지원) 시스템

차체 각 부위에 설치된 8개의 카메라와 1쌍의 라이다(빛을 이용한 거리측정 장치), 6개의 레이더 그리고 12개의 초음파 센서를 통한 고도의 운전지원 시스템을 갖추고 있다.

버터플라이 도어

C_Two는 페라리의 「라페라리」나 BMW의 「i8」처럼, 탑승 공간의 머리 위까지 하나로 된 문이 앞쪽으로 열리는 버터플라이 도어를 채택하고 있다.

속도와 출력에 알맞은 성능을 추구

리맥의 「C_Two」는 슈퍼카를 능가하는 「하이퍼 카」로 존재하기 위해 각 부위에 혁신적인 기술을 적용하고 있다. 뛰어난 출력 장치를 통한 경이적인 가속이나 최고속도를 실현하기 위해 그리고 속도가 빨라진 차체를 안전하게 감속시키기 위해 차체의 경량화나 무게 균형의 최적화, 에어로 다이내믹스화를 적용하였으며 그 외에도 고도의 운전지원 시스템이 도입되었다.

또한 실용성이나 쾌적성, 조작성을 높이기 위해 쉽게 타고 내릴 수 있는 문이나 주행거리를 충분히 확보하면서 충전시간을 단축하는 배터리 시스템을 도입하고 있다.

충전

배터리 팩은 전용의 고전압 충전기 플러그를 꽂아서 충전한다. 30분을 충전하면 0%에서 80%까지 충전할 수 있으며, 최대 충전 상태에서 650km를 주행할 수 있다.

리어윙

차체 뒷부분과 완전히 일체화된 리어윙은 주행상태에 맞춰 위아래로 움직일 뿐만 아니라 각도까지 바뀌면서 형태가 다양하게 변화한다. 최고속도 주행 때나 코너링을 할 때는 다운포스를 최대한으로 일으키는 형태로 바뀌며, 최고속도에서 바로 정지할 때는 윙이 직립하면서 바퀴의 브레이크를 보조하는 에어 브레이크*로도 기능한다.

*에어 브레이크 : 공기저항을 일으켜 제동력을 얻는 브레이크 방식. 철도나 대형 트럭 등에 사용되는 압축공기로 브레이크 실린더를 움직이는 「공기 브레이크」와는 다른 것으로 한자 표기로 하면 「공력 브레이크」가 된다.

출력 장치와 차체에 적용한 기술

프런트 모터

C_Two의 앞바퀴는 한 쌍의 싱글 기어 모터를 통해 개별적으로 구동된다. 좌우 타이어의 구동력 배분을 적절하게 제어하는 제어장치를 장착하고 있어서, 콘솔 패널의 다이얼 방식 스위치를 사용하여 그 특성을 기호에 맞춰 자유롭게 조정할 수도 있다.

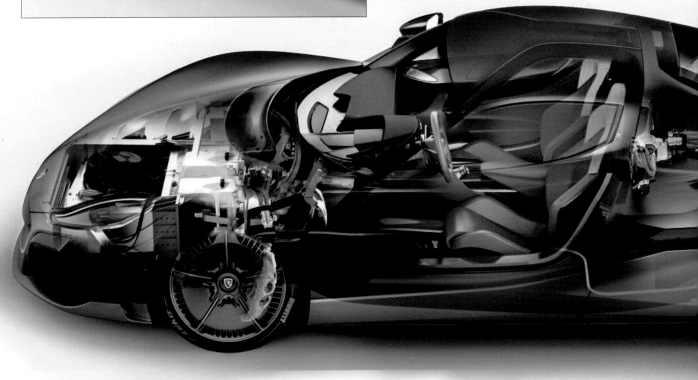

차체

C_Two의 차체는 카본 루프가 접착된 카본 파이버 제품의 모노코크 보디와 일체구조의 배터리 팩, 알루미늄과 카본 파이버로 형성된 충격 완충 서브 프레임으로 구성되어 있어서 경량화와 고강도를 달성했다.

배터리 팩

특수한 형상을 한 배터리 팩은 1.4MW(메가 와트)의 전력을 공급하는 동시에 차체의 무게 균형을 최적화하여 강성을 확보하는데 큰 역할을 한다.

리어 모터

프런트 모터와 마찬가지로 한 쌍의 리어 모터도 개별적으로 뒷바퀴를 구동하며 2스피드 기어박스를 장착하고 있다. 이 기어박스를 통해 모터의 경이적 토크를 이용한 강력한 가속과 최고속도를 달성한다.

PDU

PDU란 「Power(파워) · Distribution(디스트리뷰션) · Unit(장치)」의 머리글자로 배터리 전기를 모터에 최적의 상태로 변환해 배분하는 장치이다. 리맥은 이 PDU나 배터리 팩의 개발 분야에 있어서 스웨덴의 「코닉세그」와 제휴관계를 맺고 있다.

스펙
SPECIFICATION

전장×전폭×전고 : 4,750×1,986×1,208mm

휠 베이스 : 2,745mm

모터 : −

최고출력 : 1,941PS

최대토크 : 2,300Nm

미션 : −

타이어 크기 : −

0→96.6km/h 가속 : 1.85초

최고속도 : 412km/h

탑승인원 : 2명

NIO
니오

「니오」는 중국의 EV(전기자동차) 메이커로서 중국 온라인 자동차 거래사이트 비트오토(Bitauto)의 창업자인 윌리엄 리가 2014년에 설립하였다. 설립 당시부터 미국의 EV 메이커 「테슬라」를 경쟁자로 삼고는 테슬라의 SUV 「모델X」의 대항마로 「ES8」을 2017년에 발매한다. EV의 F1 그랑프리라고 할 수 있는 「포뮬러 E」에도 개최할 때부터 참전해 오다가 2016년에는 EV 슈퍼카 「EP9」을 공개하기도 하였다.

NIO EP9

니오

EP9
「EP9」이라는 이름은 일반적인 개발 코드나 모델 코드로 추측된다.

2016년에 영국 런던의 갤러리에서 발표된 「EP9」은 2017년 5월에 뉘르부르크링 서킷의 북쪽 코스에서 「6분 45초 9」라는 랩 타임으로 EV 세계 최고속도를 기록하였다.

또한 2018년 굿우드 페스티벌*(Goodwood Festival of Speed)의 힐 클라임**에서는 2016년에 맥라렌 「P1 LM」이 달성한 시판 차량 최고속도 기록을 갈아치우기도 하였다.

*굿우드 페스티벌(Goodwood Festival of Speed) : 영국 굿우드에서 벌어지는 모터스포츠 이벤트.
**힐 클라임 : 산이나 구릉 지대 등의 언덕길을 코스로 삼아서 1대씩 주행하여 시간을 다투는 레이스이다. 굿우드 페스티벌에서는 정원이나 목초지를 빠져나가는 좁은 도로도 설정되어 있다.

하이퍼 카 시장을 위협하는, 경이적인 신인

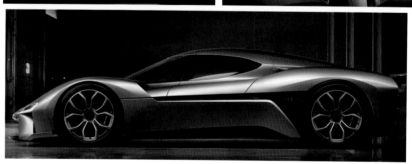

01 차체 : EP9 차체는 주로 경량 카본 파이버로 구성되어 있다. 리어윙은 3개의 위치 설정이 가능해서 시속 240km로 주행할 때는 2,447kg의 다운포스를 발휘한다.

02 배터리 : 섀시 중심 양 끝부분에 분산된 배터리는 탈착교환이 가능하다. 최대 충전상태에서 427km 주행이 가능하며, 45분이면 충전이 끝난다.

03 운전석 : 스마트폰 같은 터치패널 방식의 스크린을 중심으로 배치된 간소한 운전석이다.

스펙
SPECIFICATION

전장×전폭×전고 : –	미션 : –
휠 베이스 : –	타이어 크기 : –
모터 : –	0→96.6km/h 가속 : 2.7초
최고출력 : 1,3601PS	최고속도 : 313km/h
최대토크 : –	탑승인원 : 2명

W Motors
더블유 모터스

W Motors LYKAN HYPERSPORT

더블유 모터스 **LYKAN HYPERSPORT**

7대밖에 생산되지 않은, 세계에서 가장 비싼 슈퍼카

「라이칸 하이퍼스포츠」의 "라이칸"이란 말은 "신화에 나오는 늑대인간 중 자유자재로 변신 가능한 가장 진화된 종족"을 가리킨다. 「W모터스」의 첫 번째 모델인 라이칸 하이퍼스포츠는 세계적으로 7대만 한정판매된, 340만 달러(약 38억 원)나 되는 매우 비싼 슈퍼카이다.

중동의 중심지 두바이에 본사를 두고 있는 「W 모터스」는 2012년도에 아랍 지역 최초의 슈퍼카 메이커로 설립된 UAE(아랍에미리트)의 자동차 메이커이다. 2013년 카타르 모터쇼에서 최초의 모델인 「라이칸 하이퍼스포츠」를 발표하면서 세계에서 가장 비싼 자동차 메이커로 주목을 받았다. 그리고 2016년 두바이 모터쇼에서 새로운 모델인 「펜리르 슈퍼스포츠」를 발표한다.

「라이칸」이란 「신화에 나오는 늑대인간」을 가리키는 말이다.

포르쉐를 바탕으로 한 플랫6로 790마력을 발휘

차체

쿠페 스타일만 설정된 차체는 카본 파이버의 복합소재로 구성되었다. 힌지를 바탕으로 뒤쪽으로 열리는 독특한 문은 다른 슈퍼카에서는 볼 수 없는 특징 가운데 하나이다. 차체 뒤쪽에는 주행 상황에 따라 떠오르는 「액티브 스포일러」가 설치되어 있다.

엔진

슈퍼카의 미드십에 장착되는 엔진은 V10이나 V12가 많은데, 드물게 「플랫6(수평대향 6기통) 트윈 터보」엔진이다. 그렇다고 일반적인 플랫6은 아니고 포르쉐의 튜닝 메이커로 유명한 독일의 「루프(RUF)」가 튜닝한 최고출력 790마력, 최대토크 960Nm을 발휘하는 특별한 엔진이다. 이 엔진을 통해 0-100km 가속 2.8초에 최고속도는 시속 395km로, 다른 슈퍼카를 능가하는 하이퍼 카 수준의 성능을 발휘한다.

인테리어

W 모터스가 「유니크 W 모터스 스타일링」이라고 명명한 외장과 화려한 인테리어 디자인은 프랑스 디자이너가 담당하고 있다. 카본 파이버 셸의 시트는 고급 가죽으로 마무리했으며, 대시 패널에는 각종 인터넷 접속 기능이나 위성 내비게이션 시스템, 24시간 대응이 가능한 컨시어지* 접속 시스템 등이 갖춰져 있다.

*컨시어지 : 컨시어지란 원래 프랑스어로 「아파트 관리인」을 가리키는 말이었지만 호텔에서 고객의 다양한 요구에 응대하는 서비스를 가리키는 말로도 사용되고 있다. 라이칸의 경우는 무선으로 호출하면 24시간 동안 다양한 요구에 응대해주는 의미로 사용된다.

다이아몬드 아이즈

W 모터스가 「다이아몬드 아이즈」라고 부르는 LED 헤드라이트는 한쪽에 220개, 양쪽 다 해서 440개의 다이아몬드가 붙어 있다. 다이아몬드 외에도 좋아하는 보석을 붙일 수 있다.

모나코 거리를 질주하는 라이칸

라이칸 하이퍼스포츠는 2013년 카타르 모터쇼에서 처음 발표된 이후 2014년에 모나코의 「톱 마르케스(Top Marques)」*에서 생산용 차량이 공개되었다.

스펙
SPECIFICATION

전장×전폭×전고 : 4,495×1,995×1,180mm

휠 베이스 : 2,625mm

엔진 : 수평대향 6기통 트윈 터보 3,746cc

최고출력 : 790.8PS/7,100rpm

최대토크 : 960Nm/4,000rpm

미션 : 7단 듀얼 클러치

타이어 크기 : 앞 255/35 ZR19, 뒤 335/30 ZR20

0→100km/h 가속 : 2.8초

최고속도 : 395km/h

탑승인원 : 2명

***톱 마르케스** : 부유층 재산가들만 대상 고객으로 한정해서 매년 모나코에서 개최하는 특수한 모터쇼. 슈퍼카나 고급차 외에 고급 손목시계나 고급 보트 등도 동시에 출품된다.

W MOTORS

FENYR SUPERSPORT

W 모터스
페니어 슈퍼스포츠
「페니어」란 북유럽 신화에 등장하는 늑대의 이름에서 따온 것이다.

북유럽 신화에 등장하는 「늑대」의 이름을 가진 슈퍼카

W 모터스의 「페니어 슈퍼스포츠」는 2015년 두바이 모터쇼에서 발표된 스포츠카이다. 「페니어」라는 이름은 북유럽의 신화에 등장하는 늑대 괴물 「펜리르(늑대)」에서 유래한 것으로 앞 페이지의 「라이칸」과 마찬가지로 늑대와 관련된 이름이다. 라이칸과 똑같이 포르쉐를 바탕으로 하는 3.8 ℓ · 플랫6 트윈 터보 엔진을 탑재하고 있지만 라이칸보다 출력이 약간 더 높다.

페니어의 콘셉트

페니어 슈퍼스포츠는 라이칸 하이퍼스포츠 이상으로 성능을 중시하여 개발된 슈퍼카이다. 라이칸은 7대만 한정으로 생산했지만, 페니어는 1년 동안 25대 생산이 예정되었으며, 가격은 라이칸보다 낮은 190만 달러(약 21억 원)이다.

운전석

성능을 중시하여 개발된 페니어의 운전석은 스포츠카답게 카본을 기본으로 마무리하고 있다. 그러나 운전석 사양도 주문으로 변경할 수 있어서 라이칸 같이 화려한 운전석으로 변신하는 것도 가능하다.

엔진

페니어에 탑재되는 엔진은 라이칸과 동일하게 독일의 「루프(RUF)*」가 튜닝한 3.8ℓ·플랫6 트윈 터보 엔진이지만, 최고출력 811마력에 최대토크 980Nm으로 라이칸보다 성능이 조금 더 높다. 성능 향상으로 인한 최고속도는 시속 400km까지 발휘한다.

스펙
SPECIFICATION

전장×전폭×전고 : 4,684×1,983×1,199mm

휠 베이스 : 2,625mm

엔진 : 수평대향 6기통 트윈 터보 3,746cc

최고출력 : 811.1PS/7,100rpm

최대토크 : 980Nm/4,000rpm

미션 : 7단 듀얼 클러치

타이어 크기 : 앞 255/35 ZR19, 뒤 335/30 ZR20

0→100km/h 가속 : 2.8초

최고속도 : 400km/h

탑승인원 : 2명

*루프(RUF) : 포르쉐 차량을 바탕으로 더욱 뛰어난 성능의 차를 제작하는 독일 자동차 메이커(튜너)이다.

Spania GTA

스파니아 GTA

스파니아 GTA는 스페인에서 설립된 역사가 비교적 짧은 신흥 슈퍼카 메이커이다. 30년 이상 자동차 사업에 관여했던 도밍고 오초아가 1994년에 설립했다. 오초아는 유럽 레이스 활동을 20년 이상 계속한 뒤 오랫동안의 꿈이었던, 자신이 생각하는 완벽한 스포츠카 제조에 착수한다. 첫 양산 차량인 스파노를 2009년에 발표하면서 경이적인 스펙으로 주목을 모았다.

Spania GTA Spano

스파니아 GTA
스파노

앞모습/뒷모습

미드십에 엔진을 장착하여서 앞모습의 디자인에 대한 자유도가 높으므로 노즈의 높이가 박력 넘치는 앞모습을 연출하고 있다. 뒷모습은 카본 모양을 살린 레이싱카를 연상하게 하는 디자인이다.

시속 300km를 넘는, 스페인 최초의 하이퍼 카

2009년에 발표된 스파노는 카본과 케블라의 복합소재로 만들어진 섀시에 925마력을 발휘하는 V형 10기통 엔진을 장착한 스페인 최초의 하이퍼 카로 데뷔하였다. 최고속도가 시속 370km 이상으로 발표되었는데, 이 성능은 세계적인 슈퍼카 메이커와 어깨를 나란히 하는 수준이다.

개성이 넘치는 보디 디자인은 최첨단 에어로 다이내믹스를 적용하면서도 아름답고 우아함을 잃지 않고 있다. 문은 비스듬하게 위쪽으로 열리는 버터플라이 도어 방식이다. 가죽이나 카본을 사용한 운전석은 키 2m 이상인 운전자도 쾌적하게 앉을 수 있도록 설계되었다. 스파노는 99대 한정으로 제조 되었다.

7,990cc＋터보로 925마력을 발휘

엔진

미드십에 가로 배치로 탑재된 V형 10기통 엔진은
7,990cc나 되는 거대한 배기량에 인터쿨러가 장착된 트
윈 터보로 과급된다. 최고출력 925마력의 대단한 성능은
1,400kg의 차체를 2.9초 만에 시속 100km까지 가속한다.
최대토크도 1,220Nm이나 될 만큼 매우 강력하다.

운전석/미터

패널이나 핸들의 센터에 사용한 카본과 빨간 가죽으로 덧씌운 대시보드가 운전석을 독특한 분위기로 연출한다.

기어는 핸들 뒤쪽에 있는 패들을 사용해서 변속한다. 조작 버튼은 센터 콘솔에 모여 있다.

미터는 회전계와 속도계 사이에 기어 위치나 연료 잔량 등이 표시되는 미터까지,

3개가 나란히 배치되어 있다.

*__인터쿨러__ : 터보 차저로 압축된 뜨거운 공기를 냉각하기 위한 장치. 압축공기가 고온상태로 엔진 안으로 들어가면 불완전연소나 출력 하락의 원인이 된다.

스타일링

디자인은 자체적으로 한다. 다른 차와 구별되는 오리지널 디자인을 추구한 결과는 날렵하고 우아한 보디라인을 낳았으며, 이를 통해 뛰어난 공력 특성까지 확보하였다. 버터플라이 도어를 둘러싸듯이 디자인된 에어 인테이크도 스파노 디자인의 특징이다.

스펙
SPECIFICATION

전장×전폭×전고 : 4,680×1,980×1,180mm

휠 베이스 : 2,800mm

엔진 : V형 10기통 7,990cc 터보

최고출력 : 925hp/6,300rpm

최대토크 : 1,220Nm

미션 : 7단 오토매틱

타이어 크기 : 앞 265/30 ZR20, 뒤 345/30 ZR20

0→100km/h 가속 : 2.9초

최고속도 : 370km/h 이상

탑승인원 : 2명

ARRINERA

아리네라

폴란드에서 설립된 아리네라는 2012년에 폴란드 최초의 오리지널 슈퍼카인 「후사리아」프로토타입을 발표하였다. 로드 카 모델 외에 레이싱카 모델이나 전기자동차 모델 등도 속속 발표하면서 앞으로 전 세계 슈퍼카 시장에 진출하겠다는 새로운 메이커다운 의욕을 드러내고 있다.

ARRINERA HUSSARYA

아리네라
후사리아

후사리아는 16세기 폴란드에 실존했던 등에 날개를 단 중기병의 이름에서 유래한 것이다.

폴란드의 중기병인 「후사리아」(16세기 폴란드에서 활약했던 거대한 날개 장식을 갑옷에 붙인 기병)의 이름을 따서 붙인 이 차는 650마력을 발휘하는 V형 8기통 엔진을 미드십에 장착하고 뒷바퀴를 구동한다.

보디는 카본과 케블라* 복합소재로 만들어졌으며, 공력 부품은 「도로」나 「레이스」에서 5가지 주행 모드에 맞춰 바뀌는 액티브 시스템**을 갖추고 있다. 차 전체의 전자장치는 아리네라 보디 컨트롤 모듈을 통해 관리된다.

*케블라 : 매우 가벼우면서도 강한 섬유로서 플라스틱 등을 강화하는데 사용된다.
**액티브 시스템 : 차량의 주행 상황이나 모드에 맞춰 공력 부품 등이 최적의 효과를 끌어낼 수 있도록 바뀌는 시스템.

폴란드 최초의 의욕적인 슈퍼카

1

2

3

4

01 **스타일링** : 카본과 케블라 복합소재로 만들어진 보디는 뛰어난 공력 특성과 아름다운 디자인을 양립하고 있다.

02 **뒷모습** : 엔진 후드나 범퍼 부분에 설치된 에어 아웃렛이 레이싱 카를 연상시킨다. 차체의 아랫부분에는 대형 디퓨저가 붙어 있다.

03 **운전석** : 카본, 알루미늄, 가죽을 조합해서 만들어진 운전석은 스포티함과 호화로움을 겸비하고 있다. D형 핸들에는 모드 컨트롤* 스위치 등이 배치되어 있으며, 미터는 디지털과 아날로그를 조합하여 디자인되었다.

04 **시트** : 헤드레스트 일체형 버킷 타입 시트는 인테리어에 맞춰 가죽으로 마무리되었다.

스펙
SPECIFICATION

전장×전폭×전고 : −	미션 : 6단 매뉴얼
휠 베이스 : −	타이어 크기 : −
엔진 : V형 8기통 6.5ℓ	0→100km/h 가속 : −
최고출력 : 650hp	최고속도 : −
최대토크 : −	탑승인원 : 2명

***모드 컨트롤** : 엔진의 출력 특성이나 하체의 설정을 운전자가 선택한 모드에 딱 맞춰서 조정한다.

TESLA

테슬라

일론 머스크가 2003년에 미국 캘리포니아주에서 설립한 테슬라는 전기자동차만 제조한다. 2008년에 발표된 최초 모델 「로드스터」는 신흥 메이커가 만든 전기자동차로서는 이례적으로 뛰어난 완성도로 주목을 받았다. 그 후 세단 타입 「모델S」, SUV 「모델X」, 콤팩트 세단 「모델3」을 순서대로 발표하면서 라인업을 구축해 나가고 있다.

TESLA Roadster

테슬라

로드스터 지붕이 없는 2~3인승 자동차로서 스포티 오픈카라는 의미이다.

2020년부터 판매예정이었던 테슬라의 신형 로드스터는 4인승 슈퍼카로 방향을 크게 전환하였다. 1,000Nm의 강력한 토크를 발휘하는 모터를 탑재하여 네 바퀴를 구동한다.

시속 100km까지 2.1초 만에 도달하며, 시속 400km 이상을 발휘하는 성능은 세계 최고수준이다. 또한 대용량 배터리를 탑재하여 1,000km 이상의 주행거리를 확보한다.

지붕

쿠페 스타일을 기본으로 하고 있지만 지붕 부분은 탈착이 가능한 유리 루프로 되어 있어서 타르가 톱* 타입의 오픈 보디로 바꿀 수 있다. 탈착한 유리 루프는 트렁크 공간에 넣으면 된다.

시속 400km를 넘는 고성능 전기자동차

01 **스타일링** : 테슬라의 다른 모델들과 공통점을 가지면서도 슈퍼카다운 디자인을 갖고 있다. 수납식 윙이나 디퓨저를 통한 공력 성능의 향상도 겸비하고 있다.

02 **시트** : 스포티한 디자인의 버킷 타입 시트를 사용한다. 뒤쪽에 시트가 장착된 4인승이라는 것도 이 차의 특징이다.

03 **운전석** : 사각형 핸들과 대형 터치 패널이 운전석을 미래 감각으로 연출한다.

1

2

3

스펙 SPECIFICATION		
전장×전폭×전고 : –	미션 : –
휠 베이스 : –	타이어 크기 : –
엔진 : 모터	0→100km/h 가속 : 2.1초
최고출력 : –	최고속도 : 400km/h 이상
최대토크 : 1,000Nm	탑승인원 : 4명

*타르가 톱 : 머리 위쪽의 루프 패널만 분리하는 오픈 방식. 이름의 유래는 이탈리아에서 개최된 타르가 프롤리오 내구레이스에서 대회 5연패를 달성한 포르쉐가 이를 기념하여 911 세미 컨버터블에 「타르가」라는 이름을 붙이면서부터이다.

DEVEL

데벨

두바이에 거점을 둔 「데벨」은 UAE(아랍에미레이트)에서 경이적인 슈퍼카를 개발하는 메이커이다. 확실한 정보가 공개되지 않아서 설립연도나 발전 경위 등은 알 수 없지만, 2013년 11월에 개최된 두바이 모터쇼에서 5,000마력을 넘는 16기통 엔진을 탑재하고 최고속도 시속 560km를 발휘하는 슈퍼카 「데벨 식스틴」을 출품하였다. 이때 2015년도 판매를 목표로 하고 있다고 발표한 바 있다.

DEVEL Devel Sixteen

데벨
데벨 식스틴 「식스틴(=16)」이라는 이름은 탑재하는 16기통 엔진에서 유래한 것으로 추측된다.

01 버터플라이 도어 : 앞바퀴 바로 뒤에 위치하는 문은 몇몇 스포츠카가 적용하는 버터플라이 도어이다.

02 배기구 : 금방이라도 불길을 토해낼 것 같은 제트 전투기 느낌의 박력 넘치는 배기구를 하고 있다.

03 엔진 : 데벨 식스틴에 탑재되는 엔진은 미국의 「스티브 모리스 엔진」이라고 하는 드래그 레이스(직선 가속 속도를 다투는 미국에서 인기 있는 카 레이스) 엔진을 개발하는 회사가 개발하고 있다. 이 엔진은 12.3ℓ의 V형 16기통 쿼드 터보(4기통 당 1개의 터보 차저를 장착) 엔진으로 최고출력이 5,000마력을 초과하며 최고속도는 시속 500km를 초과한다고 발표하고 있다.

판매가 기대되는 미지의 슈퍼카

2013년 두바이 모터쇼에서 「데벨 식스틴」을 공개·발표한 데벨은 2017년에도 같은 두바이 모터쇼에서 데벨 식스틴의 양산 모델 콘셉트 카를 공개했는데 마치 SF영화에나 나올 것 같은 모습이었다.

탑승객 공간은 거대한 앞바퀴 바로 뒤쪽에 배치되었고, 엔진이 탑재되는 극단적으로 낮은 뒤쪽 구역의 후방으로는 제트기 배기구를 연상시키는 2개의 배기구가 나와 있다. 실제로 발매되어 달리는 모습이 기다려지는 모델이다.

스펙 **SPECIFICATION**		
전장×전폭×전고 : –	미션 : –	
휠 베이스 : –	타이어 크기 : –	
엔진 : 12.3ℓ·V형 16기통 쿼드 터보	0→100km/h 가속 : –	
최고출력 : 5,076PS	최고속도 : 500km/h 이상	
최대토크 : –	탑승인원 : 2명	

TECHRULES

테크룰즈

「테크룰즈」는 베이징에 거점을 두고 자동차를 연구·개발하는 신생 업체이다. 이 회사는 2017년 스위스 제네바 모터쇼에서 최초의 모델인 EV(전기자동차) 슈퍼카 「Ren」을 발표하고, 다음 2018년에 같은 제네바 모터쇼에서 Ren의 새로운 모델인 「Ren RS」를 발표하였다. Ren과 Ren RS는 모두 이탈리아의 유명한 카로체리아(디자인과 차체를 제조하는 회사)인 「주지아로 디자인」에서 디자인하였다.

TECHRULES REN RS

테크룰즈

REN RS 「Ren」이라는 이름의 유래는 알려져 있지 않다.

01, 02 보디/윙 : 카본 파이버 보디나 뒤쪽에 장착된 거대한 리어윙 등 차체의 스타일은 레이싱 카를 방불케 한다.

03 운전석 : 운전석 핸들도 포뮬러카 핸들처럼 많은 스위치가 가지런히 정렬되어 있다.

04 가스터빈 엔진 : 차체를 움직이는 동력은 합계 6개의 모터뿐이지만, 모터를 움직이는 배터리의 전력을 보완하기 위해 차체의 뒤쪽에는 가스터빈 방식의 엔진이 장착되어 있다.

2017년 스위스 제네바 모터쇼에서 발표된 최초의 모델 「Ren」은 문과 일체로 된 루프가 올라가면서 뒤로 이동하는 전투기의 캐노피*같은 시스템을 적용하고 있다. 이 시스템은 과거에 주지아로 디자인이 만들었던 자동차에도 적용되었던 방식이다.

레인지 익스텐더를 갖춘 EV 슈퍼카

2018년에 발표된 「Ren RS」는 차체의 옆에 표시된 「TECHRULES RACING」이라는 문자가 나타내는 것처럼, 2017년에 발표된 「Ren」의 서킷주행 사양의 EV 슈퍼카이다. 이 Ren RS는 가스터빈 엔진으로 모터의 전기를 보조적으로 발전하는 「터빈방식 레인지 익스텐더」EV로서, 총 6개의 모터로 최고출력 1,305마력과 최고속도 시속 300km, 0-100km/h 가속 3초 이하의 성능을 발휘한다.

스펙 **SPECIFICATION**		
	전장×전폭×전고 : 5,072×2,055×1,260mm	미션 : –
	휠 베이스 : 2,724mm	타이어 크기 : 앞 265/40 R21, 뒤 265/40 R21
	모터 : 앞바퀴 2개, 뒷바퀴 4개	0→100km/h 가속 : 3초
	최고출력 : 1,350PS	최고속도 : 330km/h
	최대토크 : 7,722Nm(바퀴 전체)	탑승인원 : 1명

*캐노피 : 자동차나 항공기의 조종석 위를 덮는 천장. 개폐하면 탑승구가 되는 투명한 천장을 캐노피라고 한다.

ARASH
아라시

「아라시 모터 컴퍼니」는 2006년에 설립된 영국의 자동차 메이커이다. 창업자인 아라시 파바우드가 1999년에 설립한 「파바우드 리미티드」를 모태로 하고 있다. 아라시는 2002년에 90년대의 내구 레이싱 카를 이미지화한 최초의 모델 「아라시 LM」을 발표하였고, 그 이후 「파바우드 GT」, 「파바우드 GTS」두 모델을 발표하였다. 이어서 현재의 두 가지 모델인 「AF8 카시니」를 2014년에, 「AF10」을 2016년에 발표하였다.

ARASH

아라시

AF10
「AF10」이라는 이름은 개발 코드 아니면 모델 코드로 추측된다.

V8 엔진과 4개의 모터를 탑재한 하이퍼 카

아라시는 2009년에 쉐보레 콜벳 7.0 ℓ · 8 엔진을 탑재한 새 모델 「AF10」을 발표한 적이 있지만 바로 생산으로 이어지지 못하다가, 2016년 스위스 제네바 모터쇼에서 더 진화된 AF10을 발표하였다. 새롭게 발표된 AF10은 슈퍼 차저 6.0 ℓ · V8 엔진을 탑재한 것 외에 각 바퀴를 구동하는 4개의 모터를 장착하며 하이퍼 카로 변신하였다.

차체

리어 미드십에 V8 엔진을 탑재하는 AF10의 차체는 알루미늄 허니컴 샌드위치 구조*의 카본 강화 플라스틱을 소재로 삼아 가볍게 만들어졌다. 레이싱 카 이상의 출력을 발휘하는 차체를 적절하게 제어하기 위해 차체 앞쪽부터 양 측면에 걸쳐 에어 스포일러가 설치되었으며, 뒤쪽에는 거대한 윙이 고정식으로 설치되어 있다. 차체 중앙의 탑승객 공간은 두 명이 앉을 수 있고, 전자제어를 통해 움직이는 유압식 문을 열고 탑승하게 된다.

***알루미늄 허니컴 샌드위치 구조** : 「허니컴」이란 벌집을 가리킨다. 강도가 뛰어난 벌집처럼 정육각 기둥의 알루미늄을 틈새 없이 접합한 다음 이것을 카본 소재로 샌드위치처럼 끼운 것으로 가볍고 높은 강도를 얻을 수 있는 구조이다. 이 구조는 항공기나 레이싱 카에서 많이 이용하고 있다.

ARASH
AF10

섀시

상당히 튼튼하고 가벼운 섀시는 보디와 마찬가지로 알루미늄 허니컴 샌드위치 구조의 카본 강화 플라스틱을 소재로 하는 13개의 부품을 조합해서 만든 욕조형 구조(Bathtub Frame)이다.

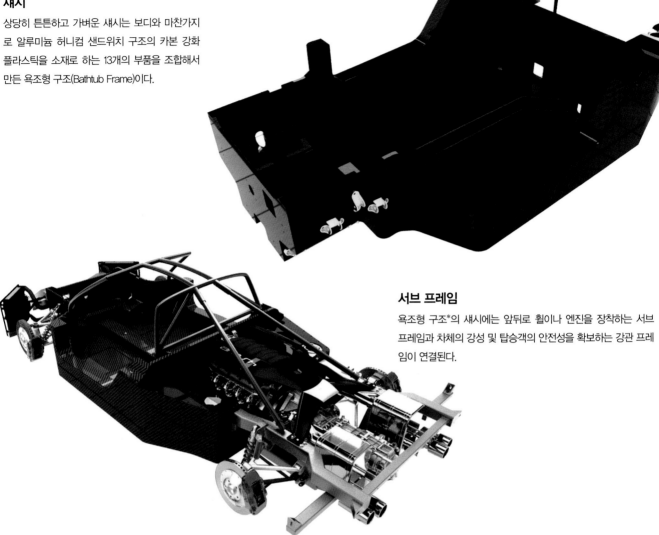

서브 프레임

욕조형 구조*의 섀시에는 앞뒤로 휠이나 엔진을 장착하는 서브 프레임과 차체의 강성 및 탑승객의 안전성을 확보하는 강관 프레임이 연결된다.

모터

리어 미드십에 탑재하는 V8 엔진 외에 각 바퀴를 구동하는 4개의 모터가 드라이브 샤프트가 시작되는 위치에 장착된다. 이 모터들은 1개당 최대출력 299마력, 최대토크 270Nm을 발휘한다. 모두 합치면 1,196마력의 출력과 1,080Nm의 토크를 엔진에 부과한다.

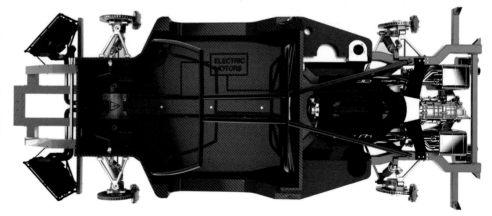

***욕조형 구조(Bathtub Frame)** : 형상이나 구조가 욕조와 비슷하다고 해서 배스터브 프레임(욕조형 구조)이라고 부른다. 알루미늄이나 카본 소재 등을 이용하며 경량화와 뛰어난 강성을 확보할 수 있다.

AF10에 탑재되는 V8 엔진은 소형 슈퍼 차저를 뱅크* 사이에 장착하고 있다. 한 개의 피스톤에 2개의 밸브를 이용하는 간략한 구조를 통해 헤드 사이즈를 소형화하였으며, 경량 알루미늄 부품을 주요 소재로 삼아 총 중량을 120kg으로 억제하고 있다. 또한 크랭크나 기어 박스 등과 같이 회전하는 부품을 모두 시트 뒤쪽으로 배치함으로써 카트를 타는 것 같은 느낌을 즐길 수 있다.

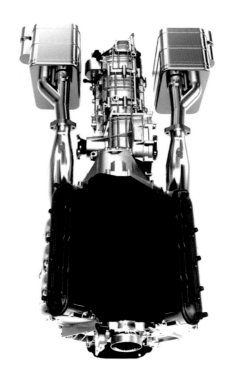 

자연 흡기 엔진과 슈퍼 차저 엔진

AF10은 주문할 때 가장 높은 사양인 「슈퍼 차저 V8엔진+하이브리드 시스템」외에, 출력을 낮춘 「자연 흡기 V8 엔진」사양도 선택할 수 있다. 위 일러스트는 왼쪽이 자연 흡기 엔진, 오른쪽이 슈퍼 차저 엔진이다.

스펙
SPECIFICATION

전장×전폭×전고 : 4,645×1,165×2,001mm

휠 베이스 : 2,730mm

엔진 : V형 8기통 슈퍼 차저 6,200cc

최고출력 : 2,109PS(전체 시스템)

최대토크 : 2,280Nm(전체 시스템)

미션 : 6단 MT 또는 패들 시프트 기어박스

타이어 크기 : –

0→100km/h 가속 : 3초 이하

최고속도 : 323km/h

탑승인원 : 2명

*뱅크 : V형 엔진의 한쪽 실린더 열을 가리킨다. V형 엔진은 실린더 두 개가 V자 형태로 연결되어 있는데 이 뱅크가 이루는 각도를 뱅크각이라고 한다. 뱅크각이 넓은 경우 뱅크 바깥쪽에 터보 차저를 설치하면 공간을 차지하기 때문에 뱅크 사이에 터보 차저를 설치하는 방식도 있다.

AF8 Cassini

아라시

AF8 카시니 「카시니」란 「소혹성」을 가리키거나 「토성 탐사선」의 이름이다.

가볍고 작은 보디에 힘이 넘치는 엔진을 탑재

2014년 스위스 제네바 모터쇼에서 처음 공개된 「AF8」의 진화 모델이 2016년 발표된 「AF8 카시니」이다. 카시니란 토성의 고리 같은 「소혹성」을 가리키는 말로서, 「NASA의 토성 탐사선」이름으로도 사용되고 있다.

최초의 AF8이 탑재했던 쉐보레 콜벳용 7.0 ℓ · V8의 출력을 높인 엔진은 최대출력 567마력, 최대토크 645Nm을 발휘한다. 여기에 6단 MT(수동 변속기)를 결합하였다. 스페이스 프레임과 카본 보디를 통해 건조 중량을 1,200kg으로 억제한 카시니는 0~96km/h 가속이 3.5초 이하, 최고속도 시속 315km 이상의 성능을 발휘한다.

숏 오버행

미드십 레이아웃과 오버행이 짧은 앞부분, 제트기 같이 앞으로 치우친 운전석으로 인해 운전자는 엔진 출력을 몸으로 느끼면서 운전할 수 있다.

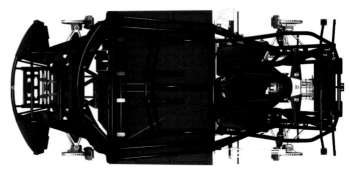

섀시

건조 중량 1,200kg을 가능하게 해준 섀시는 카본 파이버 소재의 보디 패널과 이것을 보강하는 고장력 강관의 롤 케이지 시스템으로 구성되어 있어서, 만약의 충돌 시 탑승객의 안전과 차체의 강성을 확보한다.

스펙
SPECIFICATION

전장×전폭×전고 : 4,150×1,900×1,100mm

휠 베이스 : -

엔진 : 7.0L V형 8기통

최고출력 : 567PS/7,500rpm

최대토크 : 645Nm/6,000rpm

미션 : 6단 MT

타이어 크기 : 앞 235/35 ZR19, 뒤 345/30 ZR20

0→100km/h 가속 : 3.5초 이하

최고속도 : 315km/h 이상

탑승인원 : 2명

Artega
아르테가

독일의 EV 메이커인 「아르테가」는 2006년에 스포츠카 메이커로 설립되었다. 「폭스바겐」의 V6 엔진을 탑재한 「아르테가 GT」라는 스포츠카를 생산·판매하였다가 2012년에 일단 도산하고 만다. 그 후 같은 독일 업체나 외국 메이커들이 인수를 거듭하다가, 2017년 스위스 제네바 모터쇼에서 최신 EV 스포츠카 「스칼로 슈퍼엘레트라」를 발표하며 부활하고 있다.

Artega Scalo Superelletra

아르테가

스칼로 슈퍼엘레트라

유명한 경주마의 이름과 「경량」, 「전동」이라는 의미를 합친 조어이다.

아르테가의 「스칼로 슈퍼엘레트라」는 2015년 독일 프랑크푸르트쇼에서 발표된 EV 「스칼로」의 최신 모델이다. "스칼로"란 경주마로 유명했던 말의 이름이다. "슈퍼엘레트라"는 새로운 스칼로를 디자인한 이탈리아의 카로체리아

「투어링(Touring)」이 특허를 갖고 있던 아주 가벼운 차체의 제조방법인 「슈퍼레자라」와 전동을 의미하는 「엘레트라」를 조합한 조어라고 한다.

*투어링(Touring) : 뛰어난 디자인과 슈퍼레자라 제조방법으로 유명한 카로체리아(차체제조 업체) 가운데 한 곳이다. 페라리, 마세라티, 알파 로메오, 애스턴 마틴. 람보르기니. 란치아 등 수많은 슈퍼카에 관여하였다.

흐름이 아름답고 가벼운 보디를 모터의 힘으로 가속한다.

카로체리아 투어링이 그려낸 아름답게 흐르는 보디라인의 「스칼로 슈퍼엘레트라」는 카본 모노코크 섀시와 알루미늄 보디, 폴리우레탄 범퍼로 경량화한 차체이며, 앞뒤 각각 2개씩 배치한 모터로 최대출력 1,034마력 이상을 발휘하면서 가속한다. 가운데에 운전석이 있고 약간 뒤쪽의 양 측면으로 동승자 좌석 2개가 배치된 약간 변형적인 탑승자 공간을 하고 있다. 운전자는 거울 대신에 모니터로 후방을 확인할 수 있다.

스펙
SPECIFICATION

전장×전폭×전고 : 4,600×2,040×1,242mm

휠 베이스 : 2,800mm

모터 : –

최고출력 : 1,034PS

최대토크 : 1,620Nm

미션 : –

타이어 크기 : –

0→100km/h 가속 : 2.7초

최고속도 : 300km/h

탑승인원 : 3명

REZVANI
레즈바니

REZVANI BEAST ALPHA X

레즈바니 비스트 알파X "블랙 버드" 미국 공군의 초음속 전략정찰기 이름에서 따온 것이다.

미국 캘리포니아주에 있는 「레즈바니 모터스」는 2014년에 설립된 신생 자동차 메이커로, 스포츠카나 SUV를 주문생산 방식에 가까운 형태로 생산한다. 이 메이커를 만든 펠리스 레즈바니는 어렸을 때 아버지와 같은 전투기 조종사가 되고 싶다는 꿈이 있었다. 그러다 어른이 되어서 F4·팬텀Ⅴ II(전투기)의 조종과 비슷한 스릴, 호쾌함, 가속G(중력)을 운전자가 즐길 수 있는 스포츠카 개발을 시작하게 된다.

"BLACK BIRD"

전투기 같은 스릴을 즐길 수 있는
거친 파워의 스포츠카

2018년에 발표된 「비스트 알파X 블랙 버드」는 2015년에 등장한 완전 오픈 모델 「비스트」에 지붕을 장착한 하드 톱 모델 「비스트 알파」의 레이싱 사양 차량이다.

이름은 미국 공군의 초음속 전투정찰기 「SR-71 블랙 버드」에서 따온 것이다. 바탕이 된 비스트는 유럽 슈퍼카 메이커의 개발 방식을 힌트로 삼아 디자이너와 레이싱 엔지니어, 엔진 전문가 등을 모아서 팀을 만들어 개발한 것이다. 그래서인지 비스트는 과격하면서도 합리적인(16만 5천 달러, 약 1억 9천만 원) 스포츠카로 개발되었다.

카본 파이버 차체

항공기나 F1 레이싱 카에 많이 사용되는 소재인 카본 파이버를 차체에 사용하여 무게를 가볍게 함으로써 레이싱 카 같은 박력 넘치는 주행과 경쾌한 핸들링을 가능하게 한다.

LED 헤드라이트

최신기술로 만들어진 LED 헤드라이트는 작아도 아주 밝은 빛을 발산하기 때문에 한밤중의 도로도 안심하고 달릴 수 있다. 게다가 무게의 절감이나 박력 있는 디자인에도 이바지한다.

매우 독특하게 열리는 「사이드 와인더 도어」

비스트의 트레이드 마크라고 할 수 있는 「사이드 와인더 도어」는 다른 슈퍼카나 스포츠카에서 볼 수 없는, 매우 독특하게 열리는 구조를 하고 있다.

「사이드 와인더 도어」는 문이 한 번 차체 옆으로 나왔다가 앞으로 미끄러지듯이 움직여서 열리는 방식이다. 차 안으로 들어가는 입구가 넓어서 타고 내리기가 편하다.

변속기

비스트 운전자는 크로스 레이쇼의 6단 수동 변속기를 통해 차체를 의도한대로 조작할 수 있다. 이밖에도 F1 레이싱 카 같이 핸들 뒤쪽의 패들로 변속하는 시퀀셜 미션을 선택할 수도 있다.

01 미터 : 엔진 회전수를 한눈에 알 수 있는 레이싱 카 같은 디지털 미터는 엔진 출력을 알맞게 끌어내기 위한 변속 타이밍을 불빛으로 표시할 수 있으며, 변속 타이밍을 프로그램하는 것도 가능하다.

02 미러 : 돌출된 도어 미러는 차체와 똑같이 카본 파이버 제품으로서 차체의 경량화에 이바지한다. 스테이(지주)에 매달리듯이 장착된 형상은 공기저항을 줄이는 에어로 다이내믹스를 위한 것이다.

03 시트 : 인간공학에 기초해 디자인된 카본 파이버 베이스의 시트로서 오랜 시간 동안 쾌적하게 운전할 수 있다.

04 엔진 : 터보차저가 장착된 2.5ℓ · 레즈바니 레이싱 엔진은 최고출력 709마력을 발휘한다.

스펙
SPECIFICATION

전장×전폭×전고 : 4,145×1,981×1,104mm

휠 베이스 : 2,345mm

엔진 : 2.5L 직렬 4기통 터보

최고출력 : 709PS/7,500rpm

최대토크 : 645Nm/6,000rpm

미션 : 6단 MT/시퀀셜 AT

타이어 크기 : –

0→100km/h 가속 : 2.9초

최고속도 : 321km/h

탑승인원 : 2명

Italdesign
이탈디자인

「이탈디자인」은 세계적 공업 디자이너 조르제토 주지아로가 1968년에 설립한 디자인 회사 「이탈디자인 주지아로」의 자동차 디자인 전문 부문이다. 주지아로는 피아트의 디자인 부문에 입사한 이후 「베르토네」, 「기아」외에 이탈리아의 저명한 카로체리아(자동차 차체 디자인을 전문으로 하는 회사)에서 치프를 역임한 후, 다양한 제품을 디자인하는 회사를 설립하였다.

Italdesign ZEROUNO DUERTA

이탈디자인
제로우노 두에르타

「제로우노」는 이탈리아어로 숫자 「0(제로)」과 「1(우노)」,
「두에르타」는 이탈리아 피에몬테 지방의 사투리로 「오픈」을 의미한다.

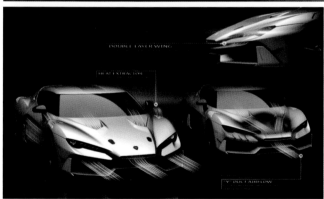

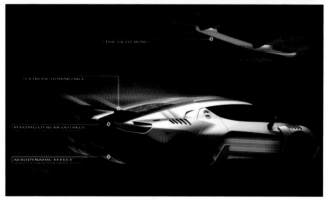

쿠페 스타일의 제로우노에 이어 발표된, 이탈디자인 아우토모빌리 스페치알리의 두 번째 모델인 제로우노 두에르타는 이탈디자인이 오랫동안 축적해온 에어로 다이내믹스와 경량 차체 제작의 노하우를 투입하여 전 세계 한정으로 5대만 생산하기로 계획한 슈퍼카이다.

카본 파이버와 알루미늄으로 제작된 쿠페 버전의 섀시를 다시 디자인하여, 초경량 카본 파이버만으로 다시 보디를 만들었다. 이 두에르타는 람보르기니 「우라칸」과 똑같은 5.2 ℓ · V형 10기통 자연흡기 엔진을 미드십에 탑재한 상태에서 최고속도 시속 320km 이상의 성능을 발휘한다.

새롭게 설립된 부문에서 만들어진 특별한 오픈 모델

이탈디자인은 2017년, 특별한 시판 차량만을 한정해서 생산하고 판매하는 「이탈디자인 아우토모빌리 스페치알리」를 설립하면서 쿠페 스타일의 「제로우노」를 발표했다.

그리고 2017년 스위스 제네바 모터쇼에서는 제로우노의 오픈 모델인 「제로우노 두에르타」를 새롭게 발표했다.

이탈디자인이 관여한 역대 모델

조르제토 주지아로가 이끄는 이탈디자인은 2018년에 50주년을 맞이하였다. 그 역사 속에는 전 세계 메이커의 자동차 디자인이나 생산에 관여해온 경험이 있다. 여기서는 슈퍼카나 슈퍼카에 가까운 모델을 중심으로 대표적 모델을 소개하겠다.

주지아로 디자인 브리비도(BRIVIDO)

2012년에 발표된, V12 엔진과 모터를 조합한 하이브리드 시스템의 슈퍼카 콘셉트 모델이다.

이탈디자인 콰란타(Quaranta)

2008년 제네바 모터쇼에서 발표된 토요타 「해리어」의 하이브리드 시스템을 탑재하고 태양전지 패널로 충전하는 콘셉트 모델이다.

주지아로 디자인 나미르 콘셉트(Namir Concept)

2009년에 발표된 영국의 프레이저 내쉬와 협업을 통해 만든 하이브리드 콘셉트 모델이다.

이탈디자인 아즈텍(AZTEC)

1998년에 발표된 참신한 트윈 콕피트(실제 운전석은 1개) 모델이다. 실제로 25대 정도가 판매된 것으로 알려졌다.

BMW Nazca C2

1992년 도쿄 모터쇼에서 발표된 미드십에 5ℓ의 V12 엔진을 탑재하는 콘셉트 모델이다.

비짜리니(Bizzarini) 만타(Manta)

1968년의 이탈리아의 토리노 모터쇼에서 발표된 운전석이 가운데에 배치된 진귀한 3인승 슈퍼카이다.

주지아로 디자인 파쿠르(Parcour)

2013년에 발표된 람보르기니를 바탕으로 해서 5.2ℓ · V10 엔진을 탑재하고 사륜구동을 하는 SUV 크로스오버 스타일의 콘셉트 모델이다.

드로리언(DeLorean) DMC-12

영화 「백 투 더 퓨처」로 유명한 걸 윙 도어 타입의 「드로리언」도 이탈디자인이 디자인한 모델 가운데 하나이다.

이탈디자인 VAD.HO

BMW와 협업을 통해 2007년 제네바 모터쇼에서 발표된 좌석을 앞뒤로 배치한 2인승 콘셉트 모델이다.

이탈디자인 GT제로 콘셉트(GTZero Concept)

2016년 스위스 제네바 모터쇼에서 발표된 최고출력 490마력, 최고속도 시속 250km의 EV 콘셉트 모델이다.

폭스바겐 W12 나르도(Nardo)

2001년 도쿄 모터쇼에서 발표된 최고출력 600마력의 W12기통 엔진을 탑재한 콘셉트 모델이다.

알파로메오 시게라(Schighera)

1997년 스위스 제네바 모터쇼에서 발표된 3.0ℓ·V6 트윈 터보 엔진을 탑재한 알루미늄 보디의 콘셉트 모델이다.

마세라티 부메랑(Boomerang)

1972년 스위스 제네바 모터쇼에서 발표된 마세라티 「볼라」를 바탕으로 해서 만든 콘셉트 카이다.

로터스 에스프리(Esprit)

로터스를 대표하는 모델 가운데 하나인 「에스프리」도 주지아로가 디자인한 것이다. 사진은 1972년의 콘셉트 모델이다.

BMW M1

BMW에서는 보기 드문 슈퍼카 가운데 하나인 「M1」은 1978년부터 1981년까지 짧은 기간에 거쳐 소수의 차량만 생산되었다.

포르쉐 타피로(Tapiro)

1970년의 이탈리아 토리노 모터쇼에서 발표된 「타피로」는 포르쉐에서는 보기 드문 쐐기 스타일의 콘셉트 모델이다.

토요타 볼타(Volta)

2004년 스위스 제네바 모터쇼에서 발표된 토요타와 이탈디자인이 공동 개발한 하이브리드 스포츠 콘셉트 카이다.

닛산 GT-R50 바이 이탈디자인(GT-R50 By Italdesign)

2018년에 발표된, GT-R과 이탈디자인의 50주년을 기념해 제작된 모델. 50대만 한정해서 판매될 예정이다.

월드 슈퍼카 컬렉션
World SuperCar Collection

초 판 발 행 | 2021년 1월 10일
제1판3쇄발행 | 2024년 2월 1일

감　　　수 | 김필수
편　　　저 | GB기획센터
발 행 인 | 김길현
발 행 처 | (주) 골든벨
등　　　록 | 제 1987－000018호　ⓒ 2021 GoldenBell Corp.
I S B N | 979-11-5806-480-8
가　　　격 | 30,000원

편집 · 교정 | 이상호 · 안명철
디자인 | 조경미 · 박은경 · 권정숙
웹매니지먼트 | 안재명 · 서수진 · 김경희
공급관리 | 오민석 · 정복순 · 김봉식

본문 · 표지디자인 | 여혜영
제작 진행 | 최병석
오프 마케팅 | 우병춘 · 이대권 · 이강연
회계관리 | 김경아

(우)04316 서울특별시 용산구 원효로 245(원효로 1가 53-1) 골든벨 빌딩 5〜6F
• TEL : 도서 주문 및 발송 02-713-4135 / 회계 경리 02-713-4137
　　　 내용 관련 문의 02-713-7452 / 해외 오퍼 및 광고 02-713-7453
• FAX : 02-718-5510　　• http : //www.gbbook.co.kr　• E-mail : 7134135@naver.com